Einstieg in das Universum: Das kleine Buch der Astronomie

Urknall, Entstehung, Alter, Größe und Geheimnisse des Weltalls verstehen – Sterne und Planeten unseres Sonnensystems kennen lernen

Expertengruppe Verlag

Die Inhalte dieses Buches wurden mit größter Sorgfalt erstellt. Für die Richtigkeit, Vollständigkeit und Aktualität der Inhalte kann jedoch keine Gewähr übernommen werden. Der Inhalt des Buches repräsentiert die persönliche Erfahrung und Meinung des Autors.

Sämtliche hier dargestellten Inhalte dienen somit ausschließlich der neutralen Information. Sie stellen keinerlei Empfehlung oder Bewerbung der beschriebenen oder erwähnten Methoden dar. Dieses Buch erhebt weder einen Anspruch auf Vollständigkeit, noch kann die Aktualität und Richtigkeit der hier dargebotenen Informationen garantiert werden. Der Autor und die Herausgeber übernehmen keine Haftung für Unannehmlichkeiten oder Schäden, die sich aus der Anwendung der hier dargestellten Information ergeben.

Einstieg in das Universum: Das kleine Buch der Astronomie

Urknall, Entstehung, Alter, Größe und Geheimnisse des Weltalls verstehen – Sterne und Planeten unseres Sonnensystems kennen lernen

Expertengruppe Verlag

INHALTSVERZEICHNIS

ÜBER DEN AUTOR

Schon von Kindertagen an, war Aaron Schmidt von den Geheimnissen und den unglaublichen Dimensionen des Universums fasziniert. Das Zusammenspiel von Raum und Zeit und die schier unendlichen Möglichkeiten in der Weite des Raums haben ihn sein Leben lang begleitet.

Direkt nach dem Schulabschluss 1967 begann er daher das Studium der Astrophysik und widmet sich seitdem nicht nur in der Freizeit, sondern auch beruflich voll und ganz der Erforschung des Weltalls. Als Lehrkraft gibt er dieses Wissen nicht nur seinen Schülern und Studierenden weiter, sondern spricht im Rahmen verschiedener Publikationen auch die breite Masse der Menschen in Deutschland an.

Bei seinen Büchern liegen ihm solche Themen besonders am Herzen, die die Grundlagen der Astrophysik betreffen, die aber trotzdem nur wenigen geläufig sind. Zudem konzentriert er sich auf Themen, die auch für Laien interessant sind und bei denen neben allgemeinen wissenschaftlichen Recherchen auch viel eigenes Herzblut mit eingebracht werden kann. Jede seiner Veröffentlichungen basiert daher neben den unverzichtbaren wissenschaftlichen Grundlagen auch auf ganz persönlichen Erfahrungen und Erkenntnissen. So entstehen nicht nur reine sachliche Abhandlungen, sondern praktische Werke mit breitem Wissen und nützlichen Hinweisen, die leicht verstanden und nachvollzogen werden können.

Aaron Schmidt erschafft so leicht zu lesende Bücher, die dem Leser in entspannter und angenehmer Atmosphäre einen Einblick in Themenfelder geben, von denen fast jeder fasziniert ist, aber von denen die meisten nur wenig wissen.

So möchte er vor allem Neugierde für die Welt um uns herum wecken und den Leser motivieren, über den eigenen Tellerrand hinaus zu schauen und die Wunder der Natur über unseren Planeten hinaus zu entdecken. So versucht er, seine eigene Leidenschaft an viele andere Menschen weiterzugeben, um die großen Fragen der Menschheit weiterzudenken und herauszufinden, wie viel mehr es im Universum wohl noch geben mag, außer uns kleinen Menschen.

VORWORT

„Der Weltraum. Unendliche Weiten..." so oder so ähnlich lauten die ersten Worte der Anfangssequenz einer beliebten Science-Fiction-Serie im Fernsehen. Um die nötige Spannung bei den Zuschauern aufzubauen, ist der Satz gerade richtig. Korrekt ist er hingegen nicht. Denn die Formulierung suggeriert, dass Raumfahrer mit ihrem Schiff immer weiter reisen könnten. Dabei stoßen sie wieder und wieder auf neue Sonnensysteme, Planeten, unerklärliche Phänomene und natürlich auf unzählige Gelegenheiten für spannende Abenteuer. Das mutet in etwa so an, wie ein Laufband, dass sich immer wieder erneuert. Und somit eine Reise, die kein Ende und keine Grenze hat. Doch die Wahrheit sieht ein wenig anders aus. Denn das Universum hat eine Grenze, so lautet zumindest die allgemeingültige Theorie in der Wissenschaft. Und dieses Ende des Universums verschiebt sich immer weiter. Ausgelöst durch den Urknall, ist das Universum in permanenter Expansion. Somit verschieben sich dessen Grenzen seit seiner Entstehung.

Aber: Für unsere Begriffe – betrachtet von unserer kleinen Erde aus – wirkt das Universum zumindest unendlich. Millionen von Planeten, Sternen und Galaxien warten nur darauf, von uns erforscht zu werden. Dank der heutigen

Technik ist es zumindest möglich, einen ersten Blick in diese Weiten zu werfen. Doch die Maßstäbe sind dabei derart gigantisch, dass sich schon ein Besuch einer Nachbargalaxie nur schwer realisieren lässt. Nicht nur die Weiten des Alls sind spannend und vielfältig. Auch in unserer Nachbarschaft – den Planeten unseres Sonnensystems – warten Rätsel darauf, gelöst zu werden. Und noch mehr: Selbst unser eigener Planet ist uns noch in vielerlei Hinsicht unbekannt. Starten wir also eine Reise von unserer Haustür bis zum Rand des Universums.

Eines noch vorab: Die Komplexität des uns weitestgehend unbekannten Universums auf den Punkt zu bringen, ist eine Lebensaufgabe und vieles basiert auf Theorien. Spannend sind diese dennoch und einen Blick allemal wert.

- Kapitel 1 -

DAS UNIVERSUM: UNENDLICHE WEITEN?

Das Universum – was ist das eigentlich? Diese Frage beschäftigt die Menschheit seit dem Anbeginn ihrer Tage. Schon immer blickten die Gelehrten der jeweiligen Epoche mit Neugierde und Demut in den Sternenhimmel und stellten sich die Frage, was dort oben wirklich ist. Das hat sich bis heute nicht geändert. Die Erforschung des Universums ist spannend und rätselhaft – und in gleichem Maße wunderbar geordnet und nachvollziehbar. Nur der Maßstab sprengt oft die Grenzen unseres Vorstellungsvermögens. Um das Universum und die dortigen physikalischen Gegebenheiten auch für Nicht-Wissenschaftler begreifbar zu machen, unternahmen Forschungen in diversen Publikationen den Versuch, die komplexen Zusammenhänge für uns anschaulicher darzustellen. Albert Einstein war einer dieser Vorreiter und Stephen Hawking folgte ihm. Heute ist Michio Kaku ein prominenter Vertreter der Disziplin der theoretischen Physik. Folgt man den Ausführungen der genannten „Stars" aus Physik, Kosmologie und Mathematik, ist das Universum so leicht erklärt, wie die Konstruktionspläne des Motors eines Autos. Für diejenigen, die sich nicht täglich mit Begriffen wie Raum, Zeit, Materie und dergleichen auseinandersetzen, ist die Vorstellung davon bizarr, komplex und experimentell. Die Spitze des schwer Begreiflichen stellt das „Nichts“ dar, ein Begriff, der uns noch oft begleiten wird. Selbstverständlich haben wir als Bewohner des Planeten Erde unsere „lokalen“ Definitionen dieser Begriffe. Zeit messen wir in Sekunden, Minuten, Tagen, Jahren und so weiter. Materie klingt für uns nach etwas „Körperlichem“, also etwas was wir sehen, anfassen und uns vorstellen können. Ein Raum gilt im allgemeinen Verständnis als eingrenzbarer Ort – dass ein Raum gar kein Ende, keine Grenze hat, wirkt für uns befremdlich. Dass alles ein Ende hat, liegt sogar nahe. Daher rühren auch die Geschichten der Seefahrer vergangener Zeiten, die vom „Ende der Welt“ ein ziemlich klares Bild hatten. Irgendwann ist auch die Welt vorbei, so glaubte man, und der Reisende, der auf die Suche nach dieser Grenze geht, ist gar bedroht. Schließlich läuft ein Besucher dieser Grenze Gefahr, von der damals vermuteten flachen Erde einfach herunterzufallen. Gemäß dieser Vorstellung hat ein Aufsuchen dieser Grenzregion etwas Bedrohliches – eine Reise dorthin galt als lebensgefährlich.

Heute wissen wir, dass unser Planet Erde keine solche vermutete Grenze hat – diese Vermutung ist glücklicherweise seit Jahrhunderten überholt. Dies bedeutet, dass unser Planet unbegrenzt ist – aber nicht unendlich. Der Grund für diese Unbegrenztheit liegt in der geometrischen

Form. Denn unsere Erde ist im weitesten Sinne eine Kugel, wobei diese Aussage nur begrenzt stimmt. Genauer genommen ist sie ein Ellipsoid, also eine Art zusammengestauchte Kugel. Diese Form ist auf die Rotation der Erde um die Sonne zurückzuführen. Generell ist der Planet Erde somit als leicht abgeplattet zu betrachten. Die genaue Form spielt jedoch in diesem Fall nur eine untergeordnete Rolle, wenn es um die Begriffe „unendlich" und „unbegrenzt" geht. Wichtig ist, dass die Erde eine Kugel ist und somit kein Ende im eigentlichen Sinne hat.

Würden wir heute ungeachtet der praktischen physikalischen Hindernisse und Gegebenheiten in eine beliebige Himmelsrichtung losmarschieren, kämen wir im theoretischen Sinne irgendwann an unserem Ausgangspunkt wieder heraus. Selbstverständlich haben wir zu diesem Gedanken die Unwägbarkeiten unseres Planeten wie Ozeane und Gebirge völlig zwangsläufig im Sinn. Im geometrischen und mathematischen Sinne ist diese Vorstellung der schieren Möglichkeit aber wichtig.

Genau so müssen wir uns das Universum vorstellen. Denn das Universum ist ebenfalls wie die Erde keineswegs eine flache Scheibe. Wie nun die absolut exakte Form des Universums aussieht, ist weiterhin Bestandteil verschiedener Spekulationen der Kosmologen. Gemäß der Urknalltheorie wird ganz automatisch die Physik einer Explosion angenommen. Das bedeutet, dass sich das

Universum von einem Mittelpunkt in einer linearen Kugelform von innen nach außen ausdehnt. Es wird jedoch als sehr wahrscheinlich angesehen, dass das Universum ebenfalls wie die Erde eine ellipsoide Form besitzt. Entsprechende Daten wurden durch die Messungen der Wilkinson Microwave Anisotropy Probe (WMAP) gestützt, einer Raumsonde der NASA, die von 2001 bis 2010 in Betrieb war und entscheidende Fortschritte für die Kosmologie ermöglichte. Für unsere Vorstellung ist es jedoch weniger wichtig, ob das Universum eine perfekte Kugel ergibt oder nicht. Nur die Annahme, dass sie überhaupt rund ist (und kein Rechteck, kein Trapez etc.) ist wichtig für unsere Vorstellungen von Endlichkeit und Unendlichkeit, Begrenztheit und Unbegrenztheit.

Analog zur Erde müsste das Universum in der Schlussfolgerung also unbegrenzt sein. Es wäre somit – einfach ausgedrückt – für einen Raumfahrer möglich an einem Punkt des Universums zu starten und mit konsequenter Einhaltung genau an diesem wieder herauszukommen. Eine interessante Vorstellung, oder? Und dennoch reine Theorie. Was auf der Erde schon als ein schwieriges Unterfangen gilt, wird im Universum zur Unmöglichkeit. Denn das Universum dehnt sich aus – und das schon seit unfassbaren 13,8 Milliarden Jahren. Denn auf diesen Zeitpunkt verortet die Wissenschaft den Urknall und damit den Beginn von Zeit, Raum, Materie, Energie und einfach ausgedrückt allem dem, was wir uns vorstellen können. Und auch den Dingen, die wir uns bisher nicht vorstellen können.

DAS UNIVERSUM UND DAS BEOBACHTBARE UNIVERSUM

Das Universum ist die Gesamtheit aller Dinge und nur innerhalb der Grenzen des Universums „befindet sich etwas", nämlich Raum, Zeit und Materie. Während wir uns einen Einblick darüber verschaffen konnten, wie sich die Form des Universums nach außen darstellt, beobachten wir nun den Inhalt. Das Wort „beobachten" ist nicht willkürlich gewählt. Wir können von der Erde aus einen Teil des Universums beobachten. Der ist überraschend groß. Im Laufe der Jahrhunderte nahmen durch technischen Fortschritt die Möglichkeiten zur Betrachtung des Universums stetig zu. Nehmen wir als Beispiel zunächst den Mond. Den Erdtrabanten können wir mit bloßem Auge sehen und dafür bedarf es keinerlei Hilfsmittel oder Werkzeuge. Das Auge erlaubt uns also einen kleinen Blick in das Weltall, auch wenn dieser nur sehr begrenzt ist. Aber schließlich ist auch der Mond und der Raum zwischen Mond und Erde beobachtbar und somit für uns sichtbar. Dass wir unseren Mond in einer klaren Nacht sehen können, liegt jedoch nicht am Himmelskörper selbst. Denn um Dinge beobachtbar zu machen, bedarf es Licht. In diesem Zusammenhang beschreibt das Licht jedoch nicht „Helligkeit" oder dergleichen. Mit dem Begriff Licht beschreibt die Wissenschaft eine elektromagnetische Welle. Diese optisch wahrnehmbare Welle besteht aus Photonen, auch Lichtteilchen genannt. Um ein Objekt am Himmel also sehen zu können, muss dieses Objekt entweder Licht aussenden oder angestrahlt werden. Der Mond an sich sendet kein Licht aus – das übernimmt unsere Sonne für ihn. Somit ist der Mond für uns nur sichtbar, weil er Licht reflektiert.

Auch einige Objekte in unserem Sonnensystem werden so für uns beobachtbar, zum Beispiel die Planeten in der Nachbarschaft wie Venus und Mars. Gerade der „rote Planet" Mars wurde im Altertum beschrieben und bereits im Laufe des 17. Jahrhunderts entstanden erste Beschreibungen der Polkappen des Planeten und es wurden erste Karten vom Mars angefertigt. Somit war schon in früheren Zeiten eine relativ genaue Beschreibung des Planeten möglich, wobei das „relativ" durchaus wörtlich zu nehmen ist.

Da auch der Mars ebenso wie der Mond selbst kein Licht aussendet, ist ein besonderer Umstand zu berücksichtigen, der für unsere Überlegungen über die Gesamtheit des beobachtbaren Universums sehr wichtig ist: Licht braucht Zeit, um von einem Ort zu einem anderen zu gelangen. Das ist die Lichtgeschwindigkeit. Kurz gesagt: Sie beschreibt die Geschwindigkeit, mit der sich Licht ausbreitet. Dass die Definition an strenge Regeln geknüpft ist, werden wir in einem anderen Kapitel näher betrachten. Gemessen wird diese Geschwindigkeit in Lichtjahren. Dies ist jedoch nicht als Zeiteinheit zu verstehen und somit nicht das, was wir mit dem Begriff „Jahr" gleichsetzen würden. Es ist vielmehr ein Längenmaß. Das Licht ist in der Lage, in etwa 300.000 Kilometer pro Sekunde zurückzulegen. Dies wurde einheitlich festgelegt. Die jüngste Festlegung fand zuletzt im Jahr 1983 bei der Generalkonferenz für Maß und Gewicht statt. Genauer betrachtet, beträgt die zurückgelegte Distanz des Lichtes 299.792,458 Kilometer pro Sekunde. Um die Rechnung zu vereinfachen, runden wir aber auf. Schon die Pioniere der Astronomie kamen bei ihren Berechnungen diesem Wert erstaunlich nahe. Im Jahre 1728 errechnete der britische Astronom James Bradley eine Geschwindigkeit von 301.000 km/s.

Diese Einheit, die Lichtsekunde, ist das richtige Maß, wenn wir von der Beobachtbarkeit des Mondes sprechen. Wie wir jetzt wissen, braucht Licht Zeit, um von Ort A nach B zu gelangen. Da das Licht die Beobachtbarkeit erst ermöglicht, sehen wir daher vom Mond nur ein Abbild, das nicht die Echtzeit darstellt. Wir sehen ein Bild des Mondes, wie er vor einiger Zeit war, nicht wie er jetzt ist. Durch die für kosmologische Maßstäbe vergleichsweise geringe Entfernung zu unserem Trabanten handelt es sich um einen sehr geringen zeitlichen Verzug. Der Mond ist von der Erde – und somit auch vom Posten unserer Beobachtung – 384.000 Kilometer entfernt. Da das Licht 300.000 Kilometer in der Sekunde zurücklegt, können wir die Entfernung errechnen. Das Licht braucht somit vom Mond bis zu unserem Auge 1,28 Lichtsekunden. Wie erwähnt ist dies keine Zeiteinheit, sondern ein Längenmaß. Hätten wir also ein Raumschiff, dass sich ohne jeglichen Widerstand und in Nichtbeachtung jeglicher physikalischen Gesetze mit dieser Lichtgeschwindigkeit fortbewegt, wäre die Reise vom Mond zur Erde in 1,28 Lichtsekunden bewältigt.

Dies bedeutet, dass wir das Licht mit einer Verzögerung wahrnehmen. Da in unserem Beispiel der Mond der Erde sehr nahe ist, ist diese Verzug nur marginal und kaum wahrnehmbar. Auch, weil der Mond dauerhaft angestrahlt wird und auch dauerhaft reflektiert. Es gibt somit keinen „Puls“. Um diese Eigenschaft sichtbar zu machen, wurden bereits bei der Apollo 11-Mission im Jahr 1969 Retroreflektoren auf der Oberfläche des Mondes aufgestellt. Wird von der Bodenstation auf der Erde ein Laserpuls auf diese Reflektoren „geschossen“ wird dieser reflektiert und erreicht nach 2,6 Sekunden wieder die Messgeräte auf der Erde. Diese Zeit, die das Licht zum Durchlaufen einer Strecke benötigt, wird als Lichtlaufzeit bezeichnet. Zum Vergleich: Die Lichtlaufzeit zwischen Sonne und Erde beträgt circa acht Minuten und 20 Sekunden. Denn unser Stern ist im Mittel 149,6 Millionen Kilometer von der Erde entfernt. Der Hinweis „im Mittel“ ist wichtig, denn im Verlauf des Jahres schwankt der Abstand. Die Erde befindet sich nicht auf einer vollkommen runden Umlaufbahn um die Sonne. Sie ist elliptisch und nähert und entfernt sich. Diese Schwankungen in der Entfernung sind gut messbar und betragen rund fünf Millionen Kilometer. Die Variabilität ist auch die

Basis für das beliebte Vorurteil, dass die jeweilige Entfernung der Sonne für die Jahreszeiten verantwortlich sei. Dies ist jedoch nicht der Fall. Verantwortlich ist die Neigung der Erdachse. Wenn in unseren Breiten Sommer ist, ist die Sonne gar etwas weiter entfernt als im Mittel.

Und das bedeutet – ganz lapidar ausgedrückt – dass das uns erreichende Licht der Sonne im Sommer etwas älter ist.

Um die Lichtlaufzeit etwas anschaulicher zu erklären, bedienen wir uns in einem Beispiel einer anderen Form von Verzögerung, die sicherlich jeder kennt: Dem Schall. Das, was wir in der Umgangssprache als Geräusch bezeichnen, hat nämlich ebenfalls eine „Reisegeschwindigkeit“. Die ist jedoch im Vergleich zum Licht um ein Vielfaches langsamer. Unter normalen Bedingungen ist der Schall in der Lage, 343 Meter pro Sekunde (umgerechnet also 1.236 Kilometer pro Stunde) zurückzulegen. „Normale“ Bedingungen beschreiben in diesem Beispiel die Fortbewegung der Schallwelle im Medium Luft bei einer Temperatur von 20 Grad Celsius. Das ist wichtig, denn der Schall breitet sich je nach Umgebung schneller oder langsamer aus. Dies belegen Experimente: In reinem Helium breitet sich Schall rund dreimal so schnell aus wie es in dem Gasgemisch, das wir als Luft bezeichnen. Auch die Temperatur ist wichtig und sorgt für einen kleinen, aber feinen Unterschied. Bei 20 Grad Celsius beträgt die Schallgeschwindigkeit 1.236 km/h, bei minus 20 Grad Celsius nur 1.149 km/h. Für unseren Alltag spielt dies nur eine untergeordnete Rolle, zeigt aber auf, dass der Schall mit seiner Umgebung korreliert. Auch das Licht ist von der Umgebung abhängig. Im Wasser beispielsweise ist die Lichtgeschwindigkeit um 25 Prozent verlangsamt (225.000 km/s). Dies ist natürlich ein Wert, der uns bei der bloßen Betrachtung kaum auffällt. Die Laufgeschwindigkeit des Schalles hingegen können wir gut wahrnehmen. Ein beliebtes Beispiel, um dies anschaulich zu beschreiben, kommt aus der Leichtathletik. Der Start eines 1000-Meter-Rennens wird von einem Offiziellen, dem Starter, per Pistolenschuss ausgelöst. Die Läufer, die sich in unmittelbarer Nähe des Starters befinden, nehmen dieses akustische Signal sozusagen direkt wahr und laufen los. Stellt sich ein Betrachter der Szene am Ziel auf, also in einem Kilometer Entfernung auf, wird diese Person die Erfahrung machen, dass die Läufer bereits losliefen, ohne dass er oder sie den Schuss selbst gehört hat. Auch sieht der Betrachter den Starter seine Pistole abfeuern – doch auf das Geräusch muss der Betrachter noch etwa drei Sekunden warten. Denn der Schall muss erst die 1000 Meter zurücklegen und dies geschieht wie erwähnt mit einer Geschwindigkeit von 343 m/s. Dass der Betrachter den eigentlichen physischen Startvorgang der Läufer sieht, ist wiederum dem um ein Vielfaches schnellerem Licht zu verdanken.

Besonders anschaulich werden diese unterschiedlichen Geschwindigkeiten im Falle eines Gewitters. Auch hier liegen beide Formen von Wellen vor. Der Blitz erzeugt Licht und der Donner wiederum Schall. Deshalb ist es – die Kenntnis der Schallgeschwindigkeit vorausgesetzt – auch mithilfe einer Faustformel möglich, auf einfache Art die Entfernung eines Gewitters zu bestimmen. Dazu müssen nur die Sekunden gezählt werden, die es braucht, bis auf den Blitz der Donner folgt. Werden diese verstrichenen Sekunden mit 343 multipliziert, ist ein relativ genauer Rückschluss auf die Entfernung des Gewitters möglich. Erreicht der Donner drei Sekunden nach dem Auftreten eines Blitzes unser Gehör, können wir davon ausgehen, dass der Ursprung dieses Knalls (und des Blitzes ebenfalls) in etwa 1.029 Meter entfernt liegt – perfekte Umgebungsbedingungen natürlich vorausgesetzt. Diese drei Sekunden beschreiben ein Zeitintervall, das für unser Sinnesorgan – in diesem Fall das Ohr – sehr gut wahrnehmbar ist. Zwischen dem Lichteinfall durch den Blitz und der Wahrnehmung des Knallgeräusches entsteht eine deutliche zeitliche Lücke.

Betrachten wir nun wieder unseren Mond, ist die Verzögerung durch die Lichtlaufzeit wie bereits erwähnt zu vernachlässigen. Und der Erdtrabant ist nicht der einzige Teil des beobachtbaren Universums, das wir mit unserem einfachsten „Gerät“ zur Betrachtung des Himmels – dem Auge – erkennen können. In einer klaren Nacht lassen sich – abhängig von dem Vorhandensein anderer künstlicher Lichtquellen in der Umgebung („Lichtverschmutzung“) – eine Vielzahl anderer kosmischer Objekte ausmachen. Dies können wie erwähnt die Planeten unseres Sonnensystems sein, aber auch weit entfernte Sterne und Galaxien. Je weiter dieses Objekt von unserem Punkt der Betrachtung aus entfernt ist, desto älter ist das Licht, das wir sehen. Dies ist wieder der Lichtlaufzeit zu verdanken, die durch die größere Distanz zu dem beobachteten Objekt ungleich höher wird, als es bei Mond und Sonne der Fall ist.

Einer der bekanntesten Sterne, die wir mit bloßem Auge gut sehen können, ist Sirius. Das Doppelsternsystem ist faktisch jedoch nicht der hellste Himmelskörper, den wir betrachten können. Eine höhere und sogenannte „scheinbare Helligkeit" besitzen natürlich die Sonne und der Mond sowie einige Planeten unseres Sonnensystems. In der Rangliste der Helligkeiten folgen auf den Mond Venus, Jupiter, Mars und Merkur. Diese Aufzählung legt nahe, dass eine scheinbare Helligkeit in einer Korrelation mit der faktischen Nähe des beobachteten Objekts steht. Das ist bedingt richtig, doch Sirius strahlt heller als der in vergleichbar geringerer Entfernung liegende Saturn.

Diesem Umstand liegt die Tatsache zu Grunde, dass Sirius als Stern selber strahlt. Das ist jedoch ebenfalls nicht ganz richtig: Denn in diesem Falle sind es gar zwei Sterne. Sirius ist ein Doppelsternsystem. Das bedeutet, dass zwei Sterne umeinander kreisen, hier ist es Sirius A und Sirius B. Wenn wir von der Beobachtbarkeit sprechen, ist meist die Rede von dem Hauptstern Sirius A, der die 2,1-fache Größe unserer Sonne hat. Sein Begleiter, Sirius B, ist eher lichtschwach, in etwa so groß wie der Planet Erde und kreist in einer Umlaufbahn um den Hauptstern. Die Beobachtung des Sirius B ist nicht nur durch seine geringe Lichtabgabe besonders schwierig. Der Stern wird durch seinen Begleiter schlicht überstrahlt. Um es mit einem irdischen Vergleich zu versuchen, wäre das in etwa so, als würden wir eine Kerze direkt neben einem Flutlicht positionieren.

Durch die untergeordnete Position von Sirius B ist also meist die Rede von dem A-Stern, wenn wir den Begriff Sirius verwenden. Der Stern ist also gut mit dem bloßen Auge sichtbar und der hellste Stern am Nachthimmel. Nun soll es aber nicht darum gehen, dass wir ihn gut sehen können, sondern darum, was wir sehen. Sirius ist um ein Vielfaches weiter entfernt als der Mond, die Sonne und die anderen erdnahen Planeten, das steht außer Frage. Genauer ausgedrückt beträgt die Distanz 81,7 Billionen Kilometer. Diese Entfernung bedeutet, dass das von Sirius entsandte Licht um eine Vielfaches länger braucht, um unser Auge zu erreichen. Diese Entfernung wurde mit 8,6 Lichtjahren beziffert und beschreibt im gleichen Maß, wie „alt" das Licht ist, das wir sehen, wenn wir auf den Stern blicken. Denn es braucht 8,6 Jahre, um von der „Erzeugung" in unser Auge zu treffen. Das bedeutet, dass wir das optische Bild von Sirius von vor 8,6 Jahren sehen. Rein hypothetisch betrachtet: Wäre der Standort der Beobachtung genau umgekehrt und jemand würde von Sirius aus die Erde beobachten, sähe derjenige ein optisches Bild der Erde von vor 8,6 Jahren. Dieses gedankliche Experiment ist noch weiter ausführbar. Der im Allgemeinen recht bekannte und gut sichtbarer Polarstern ist beispielsweise 430 Lichtjahre von der Erde entfernt. Wäre dort ein Beobachter mit einem unfassbar leistungsstarken Fernrohr positioniert und würde den Blick auf die Erde werfen, sähe er ein Abbild, das 430 Jahre alt wäre. Somit würde der Betrachter in unser 16. Jahrhundert blicken und würde möglicherweise Zeuge der Uraufführung von William Shakespeares Romeo und Julia.

Kommen wir von diesem Gedankenspiel wieder zurück zu den Fakten. Im Jahre 2007 war es den Forschern der NASA möglich, eine Supernova zu beobachten. Ein solches Ereignis, das das Ableben eines Sternes beschreibt, ist für die Wissenschaftler ein einmaliges Erlebnis. In diesem Fall wurde diese Supernova unter anderem durch optische Teleskope beobachtet. Das Ziel der Betrachtung war ein enorm massereicher, aber namenloser Stern in einer Entfernung von 250 Millionen Lichtjahren. Das bedeutet, dass diese Supernova – das Sterben des Sternes – bereits vor 250 Millionen Jahren stattgefunden hat, also zeitgleich zu einer Epoche, in der die Dinosaurier die Erde bevölkerten. Übrigens: Diese Supernova wurde nicht nur mittels optischer Teleskope beobachtet, sondern auch mithilfe der Messung von Röntgenstrahlung, die bei einer Supernova entsteht. Da sich Röntgenstrahlung in der gleichen Geschwindigkeit wie Licht fortbewegt, ist diese

Messung ähnlich und ergibt – zumindest in diesem Bezug – einen gleichen Wert.

Durch die Eigenschaften der Lichtlaufgeschwindigkeit blicken wir zurück in die Zeit. Und diese Zeitspanne ändert sich, je weiter entfernt ein beobachteter Punkt ist. Bei dem Beispiel der Supernova können wir darauf schließen, dass sie bereits geschehen ist. Schließlich konnten die Wissenschaftler dieses Phänomen optisch registrieren. Nehmen wir für ein Beispiel noch einmal den Polarstern, der 430 Lichtjahre entfernt ist. Wir können ihn mit dem bloßen Auge sehr gut sehen. Das Licht, das wir sehen, wurde von dem Stern an einem festen Punkt ausgestrahlt und zwar vor ziemlich genau 430 Jahren. Doch befindet sich dieser Stern noch genau an diesem Ort, wo wir heute sein Licht sehen? Nein. Denn im Universum herrscht Bewegung. Der Ursprung dieser Bewegung ist nicht im Urknall zu finden. Zumindest nicht als allgemeingültige Lösung. Fakt ist, dass sich das Universum ausdehnt und das schon immer. Diese Vorstellung hat jedoch mit vielen falschen Details den Weg in unsere Populärkultur gefunden. So stellen sich viele Menschen die Ausdehnung des Universums wie eine sich gleichmäßig ausbreitende Druckwelle vor, in etwa so, wie wir es von der Explosion eines Feuerwerkskörpers und dessen Auswirkung auf die Umgebung kennen. Hier zu müssen wir uns zunächst vorstellen, dass der Urknall seine Umgebung überhaupt erst geschaffen hat. Dazu aber in einem späteren Kapitel mehr. Und ja, auch wenn sich das

Universum ausdehnt, geschieht dies nicht gleichmäßig, sondern nur dort, wo es weder Gravitation noch Materie gibt. Denn nicht die Materie dehnt sich aus, sondern der Raum. Vergleichbar ist dies mit dem Backen eines Nusskuchens. Während des Backvorgangs (also im Laufe der Zeit) dehnt sich der Kuchen aus. Dies bezieht sich jedoch nur auf den Teig, nicht jedoch auf die Nüsse darin. Denn diese Einlage ändert nicht ihre Form, sondern nur der Raum, der sich darum befindet. Dass diese Nüsse dennoch ihre Lage verändern, ist ebenfalls der Ausdehnung des Raumes zu verdanken. Und genauso verhält es sich mit Galaxien. Sie bewegen sich mit dem Raum mit. Genauso wie eine Nuss beim Backen des Kuchens nicht größer wird, wird auch die Galaxie selbst nicht größer.

Dass sich die Sterne bewegen, ist dem Umstand geschuldet, dass sie um das Zentrum ihrer Galaxie kreisen. Das gilt ebenfalls für unsere Sonne, die um das Zentrum der Milchstraße rotiert, von der auch unser Sonnensystem ein Teil ist. Die Geschwindigkeit ist dabei recht gering: Unser Stern ist mit einer Geschwindigkeit von nur 220 km/s unterwegs. Dies klingt für unsere Begriffe natürlich schnell; in kosmischen Maßstäben ist es aber eher langsam. Durch diese vergleichsweise träge Fortbewegungsgeschwindigkeit ist es uns mit bloßem Auge nicht möglich, sie zu registrieren. Augenscheinlich bewegen sich die Sterne nicht, sie scheinen fest verankert am Himmel. Diese Beobachtung veranlasste die Wissenschaftler früherer Jahrhunderte, diese festen

Sterne als Fixsterne zu bezeichnen. Die Annahme, dass das „Himmelszelt“ eine felsenfeste Konstellation ist, galt noch bis ins 18. Jahrhundert als Gewissheit im Bereich der Astronomie. Dass unsere Sterne und Sternbilder ähnlich dem täglichen Lauf der Sonne von Osten nach Westen wandern, ist hingegen wiederum der Rotation der Erde geschuldet.

Mittels der Mathematik können wir die Bewegung der Sterne berechnen und nach vielen Jahrtausenden können wir die Bewegung auch sehen. So wird uns beim Blick auf den Sternenhimmel in 100.000 Jahren ein völlig anderes Bild der Konstellationen erwarten.

Diese Bewegung der Sterne ist für unsere Überlegung wichtig. Vor 430 Jahren war der Polarstern noch an seinem Platz. Beobachten wir ihn genau jetzt und zu diesem Zeitpunkt, ist er 430 Jahren weitergewandert, bevor uns sein Licht erreichen konnte. Daraus lassen sich interessante Rückschlüsse darauf ziehen, wie die kosmischen Dimensionen bei der erwähnten Supernova sind, die schließlich 250 Millionen Lichtjahre entfernt war. Bevor das Licht in die Teleskope einfiel, war dieser Stern, beziehungsweise das, was nach seiner Supernova von ihm übrig ist – ein Schwarzes Loch oder ein Neutronenstern – in Bewegung. Wir sehen also das Bild eines Sterns, das seinen Ausgangspunkt bereits vor einer Viertel Milliarden Jahre verlassen hat. Im kleinen Maßstab ist dies auch bei unserem Mond festzustellen. Blicken wir auf unseren Begleiter, sehen wir das Licht ebenfalls um 1,28 Sekunden verzögert. Der Mond hat somit seine Position um 1,28 Lichtsekunden verändert.

Vergleichbar ist dies, wenn uns ein Mitspieler in einem Handballspiel einen Ball im Lauf zuwerfen möchte. Durch die Laufbewegung verändert der Werfer seine Position, während wir starr stehen bleiben. Fangen wir nun diesen Ball und würden ihn exakt an die gleiche Position zurückwerfen, ging er ins Leere. Denn der Mitspieler ist schließlich weitergelaufen, er ist nun an einem anderen Teil des Spielfelds und somit physisch an einem anderen Ort. Jetzt müssen wir uns zusätzlich vor Augen halten: Wir selber verharren ebenfalls nicht starr. Die Erde kreist um unsere Sonne, die, wie wir eben beschrieben haben, sich ebenfalls in einer Rotationsbewegung um das Zentrum der Milchstraße befindet. Somit muss der Werfer den Ball dorthin schleudern, wo wir noch gar nicht angekommen sind. Zumindest dann, wenn wir den Ball erfolgreich fangen wollen. Zwischen dem Wurf eines Balls und der Abgabe von Licht gibt es jedoch einen Unterschied, der uns die Beobachtung kosmologischer Ereignisse erleichtert. Der Vorgang eines Ballwurfs ist mit Abgabe, der Flugdauer des Spielgerätes und der Annahme ein überschaubares und zeitlich scharf abgegrenztes Ereignis. Im Normalfall dauern kosmische Ereignisse etwas länger: Denn ein Stern wie der Polarstern gibt kontinuierlich Licht ab. Würde er von jetzt auf gleich verschwinden, würden diese Information erst im

Jahre 2451 auf der Erde zu registrieren sein (da wir zum Zeitpunkt der Entstehung dieses Buches das Jahr 2021 haben). Wäre er nicht mehr da, würden wir es gar nicht mitbekommen. Aber selbst in den Weiten des Kosmos gibt es Ereignisse mit geringem Zeitfenster. Eines davon ist die Supernova in einer Entfernung von 250 Millionen Lichtjahren. Dieses Sterben eines Sternes währte lediglich 70 Tage – für die Wissenschaftler war dies wie ein Jackpot in der Lotterie. Denn es handelt sich dabei nicht um ein alltägliches Ereignis. Wissenschaftler gehen davon aus, dass sich in unserer Milchstraße pro Jahrtausend etwa 12 bis 28 Supernovae ereignen, im Mittelwert also 20 pro 1000 Jahre. Für ein Menschenleben stellt die Registrierung einer Supernova daher ein scheinbar einmaliges Erlebnis dar, im Universum als Ganzes ist dies jedoch ein absolut alltäglicher Vorgang: Tatsächlich schätzt die Wissenschaft, dass pro Sekunde 30 Supernovae im gesamten Universum stattfinden.

Die Grenzen des Universums

Sprechen wir vom beobachtbaren Universum, haben wir uns bei der bisherigen Betrachtung vor allem einem wesentlichen Faktor gewidmet: Dem Licht. Das entfernteste Objekt, dessen Licht wir messen können, war zur Zeit der Entstehung des Universums etwa 40 Millionen Lichtjahre von uns entfernt. Das ist, in den Maßstäben des Universums betrachtet, vergleichsweise wenig. Gemäß der Theorie des Urknalls dehnt sich das Universum aus. Dabei ist jedoch zu beachten, dass sich das Licht der Objekte im Universum gemäß der Lichtlaufzeit in Kombination mit dieser Ausdehnung zwar dort befindet, aber das Licht bereits vor Milliarden Jahren abgegeben wurde, genauer gesagt vor 13,8 Milliarden Jahren. Denn zu diesem Zeitpunkt ist das Universum entstanden, da ist sich die Kosmologie sehr sicher. In diesem Zeitraum bewegten sich die Atome, die Photonen emittierten, viel weiter weg und befinden sich nun gemäß dem kosmologischen Standardmodell des Urknalls in einer Entfernung von knapp 46,6 Milliarden Lichtjahren zur Erde statt den ursprünglichen 40 Millionen. Schließlich standen sie nicht still und die Entfernung ist dadurch praktisch im Nachhinein länger geworden. Und diese Entfernung beschreibt recht genau die Grenze des beobachtbaren Universums. Diese maximale Grenze nennen wir Beobachtungshorizont oder auch Partikelhorizont. Wenn man es so betrachten möchte, ist diese

Grenze die Hülle der ellipsoiden Form des Universums. Von dem Punkt dahinter erreichen uns seit dem Urknall keine Informationen mehr.

Aber allein der Sinn der Formulierung „beobachtbares Universum“ legt nahe, dass es auch außerhalb des sichtbaren Universums etwas geben muss. Durch die physikalischen Eigenheiten des Lichtes und dessen Geschwindigkeit können wir also nur 46,6 Milliarden Jahre zurückschauen. Dies gilt nicht nur für unseren Standpunkt, also der Erde. Von jedem Punkt im Universum stoßen wir an diese Grenze der sichtbaren Objekte. Da wir jedoch von unserer Erde nur in eine Richtung bis zur Grenze des beobachtbaren Universums schauen können, das Universum allerdings eine ellipsoide Form hat, beträgt der Radius des beobachtbaren etwa 93,2 Milliarden Lichtjahre in der Rundumsicht.

Es geht jedoch noch ein wenig komplizierter. Sprechen wir von der sprichwörtlichen „Grenze des Universums“ müssen wir auch den sogenannten Hubble-Radius in Augenschein nehmen. Um diesen Radius zu berechnen, bedient sich die Wissenschaft der Hubble-Konstante, die nicht zu Unrecht ihren Namen trägt und genau definiert ist: Alle 3,26 Millionen Lichtjahre wächst die Fluchtgeschwindigkeit der Galaxien untereinander um 74 km/s. Das bedeutet, dass sich die Galaxien immer schneller fortbewegen und zwar voneinander weg. Der Hubble-Radius beschreibt die

Entfernung, in der sich eine Galaxie mit einer Geschwindigkeit von uns fortbewegt, die der Lichtgeschwindigkeit entspricht. Ist dieser Wert erreicht, kommen wir zu einer weiteren Grenze: Dem Ereignishorizont. Diese Grenze, die je nach Modell bei etwa 16 Milliarden Lichtjahren verortet wird, entspricht also dem Punkt, an dem sich ein Objekt, das Licht abgibt, selbst mit der Geschwindigkeit des Lichtes fortbewegt, sprich sich von uns entfernt. Da das Licht sich nicht selbst überholen kann, können wir dieses Licht nicht mehr sehen. Jetzt stellt sich die Frage: Warum können wir noch das Licht von Galaxien wahrnehmen, das 46,6 Milliarden Lichtjahre entfernt ist, wenn es doch schon außerhalb des Ereignishorizontes liegt? Auch hier lautet die Antwort: Weil es eben sehr alt ist. Innerhalb der Milliarden von Jahren haben diese Objekte den Ereignishorizont passiert – sie können genau ab diesem Punkt keine neuen Informationen mehr senden. Innerhalb dieser Strecke zwischen 16 Milliarden Lichtjahren (Ereignishorizont) und 46,6 Milliarden Lichtjahren wird es für uns Beobachter von der Erde also irgendwann düster. Aber keine Sorge: Das dauert noch. Übrigens verschwinden die Sterne nicht einfach so und gehen „aus". Die Sichtbarkeit schwindet Stück für Stück und wird dabei immer röter und blasser. Das liegt an der sogenannten Rotverschiebung, die höher ausfällt, je weiter ein Objekt von uns entfernt ist und je näher es am Ereignishorizont ist. Das ist nicht nur sichtbar, sondern auch praktisch: Mittels des Ausmaßes der Rotverschiebung lassen sich Entfernungen bestimmen.

Unsere Überlegungen bedeuten jedoch nicht, dass in einigen Billionen Jahre alle Galaxien „verschwunden" sind. Diejenigen Galaxien, die dann nicht mehr sichtbar sind, sind nicht an eine bindende Gravitation gebunden, zum Beispiel durch andere Galaxien in der Nähe. Dies ist beispielsweise bei der „Lokalen Gruppe" der Fall, einer Ansammlung von Galaxien, zu der auch unserer Milchstraße gehört.

Nun stellt sich die Frage: Was ist dort hinter dem Ereignishorizont? Die einfache Antwort: Wir wissen es nicht. Zwar wissen wir, dass das Universum eine Grenze hat, aber der Korridor zwischen dem Ereignishorizont und eben dieser Grenze bleibt uns verborgen, da wir von dort keine Informationen empfangen können. Und was ist außerhalb dieser Grenze? Darüber ist sich die Wissenschaft einig. Denn dort wartet das „Nichts". Und nichts bedeutet auch nichts: Kein Raum, keine Zeit, keine Materie, keine Energie. Für unser Vorstellungsvermögen ist es durchaus eine beachtliche Herausforderung, sich ein „Nichts" vorzustellen. Ein großer, aber gängiger Fehler bei dieser Betrachtung ist die Vorstellung, dass dort ein Vakuum wäre, was der Definition von nicht vorhandener Materie entspricht. Das ist jedoch nicht richtig. Um sich dem Thema „Nichts" anzunähern, müssen wir uns dem Urknall widmen. Denn so ist schließlich der Kosmos entstanden. Moment mal: Kosmos? Diesem

Begriff sind wir noch nicht begegnet. Und ja, wir haben im Alltag viele Begriffe für das „große dunkle Etwas“, auf das wir unsere Augen richten. Da der nächtliche Sternenhimmel bereits seit Jahrtausenden eine große Faszination ausübt, sind über das Weltall nicht nur die Spekulationen groß, sondern auch die Begriffe, die wir dazu finden, um es in einem Wort zu beschreiben.

- Kapitel 2 -

DER BEGINN VON WIRKLICH ALLEM: DER URKNALL.

Während unserer Reise durch das Universum haben wir schon oft von ihm gehört und wir kommen bei einer Betrachtung des Universums gar nicht um ihn herum. Gemeint ist der Urknall, oder auch Big Bang. Und auch, wenn es in manchen Darstellungen so gezeigt wird, ist der Urknall vor allem eines nicht: Eine Explosion. Denn eine Explosion, wie wir sie von einem Feuerwerkskörper oder Dynamit kennen, kann sich nur in einem bestehenden Raum abspielen. Das bedeutet also, dass vor dem Urknall etwas existiert haben müsste. Aber das ist nicht der Fall. Mit dem Urknall ist nämlich alles erst entstanden und das vor 13,8 Milliarden Jahren. Es ist der Anfangspunkt von Materie, Zeit und Raum. Vorher gab es schlicht und ergreifend nichts. Nun ist das für Nicht-Wissenschaftler gedanklich eine schwere Kost. Ein „Nichts" ist für uns sehr schwer vorstellbar, denn das „Nichts" können wir nicht sehen und hören. Aber so ist es eben mit Theorien und so ist es auch mit dem Modell des Urknalls. Gemäß dieser Theorie stand am Anfang eine Singularität, die eine Art Ausgangspunkt –

vergleichbar mit einer Keimzelle – darstellt. Diese Singularität hatte eine enorme Dichte – schließlich beinhaltete sie die gesamte Materie von dem, was wir als Universum kennen. Bereits an dieser Stelle merken wir: In dieser Singularität herrschen andere physikalische Gesetze als die, die wir in der Schule gelernt haben.

Und auch die Wissenschaft tut sich mit dem Urknall schwer. Es gibt gegenwärtig keine allgemein gültige Beschreibung des Zustandes des Urknalls selbst und der unmittelbaren Zeit davor oder danach. Sogar die physikalische Allzweckwaffe, die allgemeine Relativitätstheorie von Albert Einstein, beschreibt die Zustände der Singularität nicht ausreichend. Aber daran wird gearbeitet. In Forscherkreisen wird es als wahrscheinlich angesehen, dass die Lösung mit dem Stichwort „Quantengravitation“ zusammenhängt. Eine entsprechende Formel, die das beweist, muss aber erst noch gefunden werden. Generell geht man davon aus, dass in dieser Singularität eine „unendliche Dichte“ geherrscht haben muss, beziehungsweise die Dichte sehr hoch war. Die Teilchen in der frühesten Form des Universums waren hochenergetisch geladen, folglich war es heiß. Und zwar sehr, sehr heiß. Die Temperatur entsprach der Planck-Temperatur, die eine Gradzahl von 10 hoch 23 Grad Kelvin beschreibt. Es besteht die Annahme, dass damals vor 13,8 Milliarden Jahren die vier Grundkräfte (Elektromagnetische Wechselwirkung, Schwache Wechselwirkung, Starke Wechselwirkung und Gravitation) nicht wirksam waren.

Stattdessen wird eine so genannte Urkraft vermutet, dafür konnte aber bisher keine schlüssige und allgemein akzeptierte Theorie erbracht werden. Diese Zeit, in der das noch junge Universum enorm heiß und dicht war, nennen wir Planck-Ära. An diese Zeit knüpft sich die GUT-Ära an. GUT ist ein Akronym für Grand Unified Theories, zu Deutsch Große Vereinfachte Theorie. Dabei soll sich die Urkraft (deren Existenz unsicher ist) in die GUT-Kraft sowie die Gravitation aufgespaltet haben. Die GUT-Kraft wiederum soll starke und schwache Kernkraft sowie die elektromagnetische Kraft in sich vereint haben. Und genau in dieser GUT-Ära soll bahnbrechendes stattgefunden haben: Die kosmische Inflation, die eine rasante Ausdehnung des Universums auf Überlichtgeschwindigkeit beschreibt. Wie genau diese Ausdehnung stattgefunden hat, ist bislang unklar. Genau so wie die Frage, warum sie irgendwann gestoppt hat. Dass die Inflation stattgefunden hat, wird jedoch von einigen Indizien untermauert. Ein Beispiel dafür ist die Homogenität des Universums. Das bedeutet, dass in einer Galaxie die gleichen Energieverhältnisse herrschen, wie in einer anderen Galaxie, die eine unfassbar große Entfernung zur ersten Galaxie hat. Diese und andere Beobachtungen sprechen für die Inflationstheorie, andere kosmologische Phänomene kann sie jedoch nicht hinlänglich erklären.

Nach der angenommenen GUT-Theorie gelangt die Wissenschaft mit der Primordialen Nukleosynthese an einen Punkt, an dem sich unsere physikalischen Gesetze wieder anwenden lassen. Bei dieser Synthese sollen die Atomkerne, Quarks und Anti-Quarks entstanden sein. Somit befinden wir uns wieder in Bereichen, die uns ein wenig vertrauter vorkommen. Im Rahmen der Primordialen Nukleosynthese kühlte sich das Universum sehr schnell ab. Vorher bestand alle Materie ausschließlich aus heißem Plasma. Was folgend geschah, kürzen wir ein wenig ab: Quarks vereinigten sich zu Hadronen, also Protonen, Neutronen und so weiter. Diese Protonen und Neutronen verbanden sich zu den ersten Atomkernen, genauer zu Deuterium-Atomkernen, die schließlich jeweils paarweise zu Helium-4-Atomkernen verschmolzen. Hier kommen wir in der Frühphase des Universums zu den Atomkernen, die auch heute noch eine der bedeutendsten Rollen spielen. Die weiteren chemischen Elemente entstanden erst später und im Inneren von Sternen. In der Zeit der Nukleosynthese – so wird vermutet – sollen auch erste Magnetfelder durch Verwirbelung und anschließender Induktion innerhalb des heißen Plasmas entstanden sein.

Diese Abläufe spielten sich nicht in einem Wimpernschlag ab. Es wird angenommen, dass es rund 400.000 Jahre dauerte, bis sich die Temperatur auf ein ausreichend niedriges Niveau abkühlt, damit sich stabile Atomkerne bilden konnten. Dies führte dazu, dass das Universum durchsichtig wurde. Das bedeutet, dass Photonen längere Distanzen zurücklegen konnten, ohne vorher absorbiert zu werden. Dies war zwar nicht in allen Regionen des jungen Universums der Fall, denn die Abkühlung geschah nicht gleichmäßig. Dennoch können wir hier von einer Entkoppelung des Lichtes sprechen.

Auch wenn einige der Theorien – gerade in der absoluten Frühzeit des Universums – noch nicht vollständig geklärt sind, gelten diese betrachteten Eigenschaften als ausreichende und allgemein anerkannte Theorien zur Beschreibung des Universums, wie wir es heute kennen.

- Kapitel 3 -

Die Expansion des Universums

Bereits in den vorherigen Kapiteln haben wir festgestellt, dass das Universum nicht starr ist. Es dehnt sich aus und diese Feststellung steht im Einklang mit der Theorie des Urknalls. Dass das Universum jedoch in Bewegung ist, war nicht immer der aktuelle Stand der Wissenschaft. Albert Einstein selbst beschrieb im Rahmen der Allgemeinen Relativitätstheorie ein statisches Universum, dass folglich auch nicht expandiert. Ebenso sah es noch Einsteins Kollege Willem de Sitter. Der US-Amerikaner und Astronom Vesto Slipher hegte Ende der 1920er Jahre erste Zweifel an der Vorstellung eines starren Universums. Slipher bemerkte die Rotverschiebung einiger entfernter Galaxien und stellte somit fest, dass es Objekte außerhalb der Milchstraße geben muss. 1927 war es der Belgier Georges Lemaître, der schließlich auf der Basis der Relativitätstheorie ein dynamisches Universum beschrieb. Wichtig bei dieser Erkenntnis war, dass diese Expansion nicht in einem festen Raum stattfindet. Der Raum selbst dehnt sich aus. Dieses Phänomen haben wir in den vorherigen Kapiteln bereits anhand des Kuchens und den Nüssen darin festgestellt. Der Astronom Lemaître bezeichnete seine Entdeckung als Galaxienflucht. Edwin

Hubble – Namensgeber der Hubble-Konstante – beschrieb einige Jahre vor Lemaître bereits weit entfernte Galaxien. Aus dieser Erkenntnis heraus, die er mit der festgestellten Rotverschiebung von Slipher verband, erstellte Lemaître die Hubble-Konstante. Diese neuen Theorien brachten auch das Urgestein der Physik, Albert Einstein, zum Umdenken. Einstein verwarf angesichts der Erkenntnisse Lemaîtres, Sliphers und Hubbles den Gedanken, dass das Universum ein starrer Raum sei.

Heute ist die Expansion des Universums eine von der Wissenschaft allgemein anerkannte Theorie. Dies bedeutet nicht, dass alle Aspekte vollständig geklärt sind. Das gilt insbesondere dann, wenn es um die Geschwindigkeit des expandierenden Raumes geht. Denn die Geschwindigkeit variierte im Laufe der Jahre. Zunächst dehnte sich das Universum während der sogenannten Inflation mit ungeheurer Geschwindigkeit aus. Anschließend verlangsamte sich die Geschwindigkeit der Ausdehnung. Dies klingt recht einleuchtend. Doch die Astronomie machte nun die Entdeckung, dass die Ausdehnung des Raumes wieder an Fahrt aufnimmt. Da wir hier von immensen Entfernungen sprechen, kümmern wir uns zunächst um die Frage: Wie kommt die Wissenschaft eigentlich auf die Idee, dass sich das Universum ausdehnt? Der Grund ist die bereits erwähnte Rotverschiebung. Dieser Begriff bedeutet eine Verschiebung der Spektrallinien zum roten Bereich (und somit zum Ende) des sichtbaren Spektrums hin. Das hat eine besondere Bedeutung bei der Bestimmung astronomischer Längenmaße. Kurz gesagt: Je rotverschobener – also je „röter" – uns ein Punkt bei der visuellen Beobachtung erscheint, desto weiter ist er entfernt. Anhand des Ausmaßes dieser Verschiebung können Astronomen Entfernungen messen. Doch nicht nur das: Mittels der Rotverschiebung lässt sich auch eine Bewegung des beobachteten Objektes ermitteln. Die emittierte Welle wird praktisch auseinandergezogen, sie wird länger und erscheint uns röter. Auch das Gegenteil lässt sich beobachten. Bewegt sich ein Objekt auf uns zu, wird die Welle „blauer", was auch Blauverschiebung genannt wird. Die Blauverschiebung rührt daher, dass Spektrallinien im blauen Bereich niedrigwelliger sind.

Richten Astronomen den Blick zu den Sternen, wurde die beschriebene Rotverschiebung immer wieder registriert. Das einfallende Licht erscheint – einfach ausgedrückt – „röter" als das Licht, das vor mitunter Jahrmillionen von dem emittierenden Objekt ausgestrahlt wurde. Auch hier wurden die Wellen praktisch auseinandergezogen. Und dies lässt ein wichtiges Fazit zu: Seitdem das Objekt das Licht abgegeben hat, hat es sich von unserem Beobachtungspunkt – der Erde – entfernt. Mittels der Rotverschiebung wurde daher festgestellt, dass das Universum nicht starr ist, sondern sich ausdehnt. Würde es in sich schrumpfen, würden die Wellen nicht ausgedehnt, sondern gestaucht werden. Demzufolge würde uns das Licht in diesem Szenario blauer als erwartet erreichen. Das ist jedoch nicht der Fall. Ein sich entfernendes Objekt, wie beispielsweise ein Stern wie es unsere Sonne ist, wird immer röter und verschwindet irgendwann komplett.

Dass unser Universum expandiert, war der Wissenschaft nicht immer vollständig bewusst. So war es zunächst unklar, ob das Universum ins Unendliche expandiert, immer langsamer wird oder gar zum Stillstand kommt und sich schließlich wieder zusammenzieht. Bei der Beobachtung von einer Gruppe von Supernovae im Jahr 1998 konnten die drei Wissenschaftler Brian Schmidt, Saul Perlmutter und Adam Riess feststellen, dass sich das Universum nicht nur ausdehnt, sondern dass es sogar immer schneller wird. Dafür gab es 2011 den Physiknobelpreis – denn die Entdeckung der Beschleunigung war bahnbrechend und kam unerwartet. Tatsächlich war es bis dahin der gängige Stand der Forschung, dass die Ausdehnung des Universums immer langsamer wird. Nun stellt sich die Frage: Warum wird die Ausdehnung des Raumes eigentlich immer schneller? Die Wissenschaft bleibt (noch) eine Antwort schuldig, präsentiert mit der Theorie der Dunklen Energie aber eine Hypothese. Diese bisher unbekannte und rätselhafte Energieform soll der Gravitation der Materie im Universum entgegenwirken. Und eine Randerscheinung soll die Dunkle Energie ebenfalls nicht sein: Es wird vermutet, dass die Dunkle Energie etwa 68 Prozent der gesamten Dichte des Universums ausmacht. In Anbetracht der Tatsache, dass wir von einer hypothetischen Energieform sprechen, kommt der Dunklen Energie also eine große Bedeutung zu. Wie es bei einer Hypothese so üblich ist, wird diese geheimnisvolle Energie nicht beschrieben wie sie ist, sondern wie sie sein muss, um die Beobachtungen zu stützen. Um die festgestellte Ausdehnung des Universums zu verursachen, muss ihr Druck negativ sein. Negativer Druck beschreibt in diesem Fall eine Art umgekehrte Gravitation die zu einer Abstoßung statt einer Anziehung führt. Vergleichbar ist dies mit zwei gleichen Polen zweier Magneten. Diese Energie soll das Universum praktisch auseinandertreiben und das mit zunehmender Geschwindigkeit.

Wenn nun die Dunkle Energie 68 Prozent der kompletten Dichte und Energie im gesamten Universum ausmachen soll, was ist dann mit dem Rest? Die baryonische Masse, auf die wir bei unserer Reise noch häufiger stoßen werden, ist es jedenfalls nicht. Diese, auch baryonische Materie genannt, besteht aus Quarks und Leptonen. Und wir meinen damit das, was wir uns bei dem Wort „Materie" auch wirklich vorstellen. So bestehen Planeten, die Erde und auch wir selber aus eben jener Masse.

Forscher gehen davon aus, dass das Universum höchstens zu fünf Prozent aus dieser Masse besteht. Aber was ist mit dem Rest? Um das knappe letzte Viertel des Universums zu füllen, kommen wir zwangsläufig zur Dunklen Materie, die nicht mit der Dunklen Energie zu verwechseln, aber auch nicht minder rätselhaft ist. Genauso wie die Dunkle Energie ist die Dunkle Materie nicht von uns direkt beobachtbar. Aber gemäß den grundlegenden Gravitationsgesetzen muss sie vorhanden sein, da wir ihre Auswirkungen beobachten können. Denn um die Phänomene, auf die Astronomen bei der Erforschung des Universums treffen, erklären zu können, reicht die beobachtbare Masse und Energie nicht aus. Es muss also noch etwas weiteres existieren, das wir nicht sehen können. Somit war die Theorie der Dunklen Materie geboren, die die Bewegung der sichtbaren Materie erklären soll. Nur mittels der Dunklen Materie lässt sich die Geschwindigkeit erklären, mit der Sterne das Zentrum einer Galaxie umkreisen. Denn in den Außenbereichen einer Galaxie ist die Bewegungsgeschwindigkeit um ein Vielfaches höher als sie eigentlich sein dürfte, da dort weniger gravitative Effekte herrschen als bei zentrumsnahen Objekten. Die Rotationsgeschwindigkeit ist somit eine andere, als dass sie von den beobachtbaren Objekten herrühren.

Dies bedeutet im Umkehrschluss: Es muss noch etwas anderes geben. Aber was die Dunkle Materie genau ist und wie sie sich zusammensetzt, ist eines der größten Rätsel der Wissenschaft. Ein Nachweis im Labor konnte nicht erfolgreich durchgeführt werden und die Zusammensetzung der Dunklen Materie gilt nach wie vor als unbekannt. Um sich der Lösung dieser Frage anzunähern, gibt es mittlerweile zahlreiche Ansätze. Grundsätzlich werden zwei

Möglichkeiten unterschieden. Entweder wird die Dunkle Materie als Teil der baryonischen Materie oder als Teil der nicht-baryonischen Materie betrachtet. Schauen wir uns zunächst die Ansätze an, wenn wir davon ausgehen, dass die mysteriöse Dunkle Materie genauso wie die herkömmliche Masse aus Protonen, Neutronen und Elektronen besteht. Einer der Lösungsansätze beschreibt die Dunkle Materie als kaltes Gas. Kalt deshalb, da heiße Gase Strahlung emittieren, die messbar wäre. Bei kalten Gasen ist das nicht der Fall. Gegen diese Hypothese sprechen jedoch die Dichteverhältnisse. Wäre die Dunkle Materie ein dichtearmes Gas, wären die gemäß der Theorie gefordert Masseverhältnisse kaum aufzubringen. Ein weiteres Modell beschreibt die Dunkle Materie als kalte Staubwolke. Kalt müsste diese Wolke zwangsläufig sein, damit sie – wie das eben genannte Gas – keine Strahlung abgibt. Aber auch hier gibt es einige Schwierigkeiten. Denn bestünde die Dunkle Materie aus Staub, wäre sie nicht mehr dunkel. Das einfallende Licht anderer Sterne würde durch die Partikel zumindest teilweise wieder reflektiert. Und dies würde zu einer Sichtbarkeit führen. Außerdem ist hier das Masse-Problem relevant. Um die Dunkle Materie als Staubwolken zu definieren, wären immensen Menge an Staubpartikeln notwendig.

Eine etwas wahrscheinlichere Theorie bringt Braune Zwerge ins Spiel. Dies sind Himmelskörper die zu wenig Masse haben, um als Stern zu gelten und zu viel Masse besitzen, um als Planet durchzugehen. Aufgrund der zu geringen Masse findet eine Fusion von Wasserstoff nicht statt. Diese Fusion ist der Grund, warum Sterne Licht emittieren und sie erst für uns sichtbar machen. Dennoch reichen Druck und Masse für eine Deuterium-Fusion aus. Diese Form hat für uns jedoch einen Nachteil: Sie ist nicht beobachtbar, da sie sich in einem nicht-sichtbaren Lichtspektrum abspielt. Somit sind Braune Zwerge für uns unsichtbar, also dunkel. Dennoch besitzen sie genug Masse für gravitative Wechselwirkungen. Diese Theorie ist im Allgemeinen anerkannter als die des kalten Gases. Dennoch gehen Astronomen nicht davon aus, dass die Dunkle Materie aus Braunen Zwergen allein besteht. Generell ist sich die Wissenschaftsgemeinde sicher, dass diese Objekte nur einen vergleichsweise geringen Anteil der Dunklen Materie ausmachen.

Der andere Teil der Überlegungen zielt auf die Definition der Dunklen Materie als nicht-baryonische Materie ab. Dieser Gedankengang lässt möglicherweise auch eine größere Hoffnung zur Klärung der Definition von Dunkler Materie zu. Aber wie erwähnt: Sicher ist sich die Wissenschaft nicht und lässt mit einer Erklärung auf sich warten. Ansätze zur Lösung des Geheimnisses sind jedoch vorhanden. Es waren die Physiker Chiu Man Ho und Robert Scherrer, die die Theorie von anapolen Majorano-Fermionen einbrachten. Wer von diesen Begriffen noch niemals etwas gewusst hat, braucht sich nicht wundern. Hier geht es schon recht tief in die Physik der Elementarteilchen. Schauen wir uns das genauer an: Im Standardmodell eben dieser Elementarteilchen finden wir Fermionen (die noch einmal in Quarks und Leptonen unterteilt werden) und Bosonen. Bei unserem jetzigen „Problem" schauen wir uns zunächst einmal die zuerst genannten, die Fermionen an. Den anderen Hauptdarstellern der Elementarteilchenphysik werden wir aber später noch einmal begegnen und deren Charakteristika unter die Lupe nehmen. Fermionen gelten in diesem Bereich der Physik als das, was wir als Materie bezeichnen. Diese speziellen Fermionen tragen den Beinamen „Majorana", den die beiden Physiker Robert Scherrer und Chiu Man Ho als Würdigung des italienischen Kernphysikers Ettore Majorana verliehen. Diese Majorana-Fermionen sollen quasi als Träger der Dunklen Materie funktionieren. Diese Fermionen sollen nicht polig sein und sich in einer Art Torus formieren, der ein elektrisches Feld einschließt. Diese Idee ist zwar durchaus interessant, dennoch steht sie teilweise in Widerspruch mit dem Standardmodell der Teilchenphysik. Keines der hier genannten Teilchen ist ein Majorana-Fermion. Dass es in den Gleichungen der Physik und Astronomie noch unbekannte Variablen gibt, ist nun nichts wirklich Neues. Immerhin erfuhr die Theorie der Majorana-Fermionen eine gehörige Portion an internationaler Aufmerksamkeit.

Um der Dunklen Materie ihre Geheimnisse zu entlocken, setzte die Forschung lange Zeit auf Neutrinos. Dies sind elektrisch neutral geladene Teilchen mit einer geringen

Masse. Im Vergleich zu den Majorana-Fermionen haben die Neutrinos einen großen Vorteil: Ihre Existenz gilt als gesichert. Dennoch hapert es auch hier etwas, sobald die Neutrinos als Basis für die Dunkle Materie herangezogen werden. Die Teilchen besitzen zwar eine Masse, die jedoch viel zu gering ist, um die Dunkle Materie zu tragen. Gehen wir davon aus, dass diese Neutrinos schnell und leicht (und somit „heiß") wären, würde dies unser Verständnis der Entstehungsprozesse der Objekte im Universum gehörig auf den Kopf stellen. Zumindest dann, wenn diese heiße Dunkle Materie in großer Menge vorhanden wäre. Das bedeutet jedoch nicht, dass das Modell, bei dem Neutrinos diese heiße Dunkle Materie bilden, völlig falsch ist. Es könnte durchaus sein, dass ein kleiner Teil der Dunklen Materie genau daraus besteht, sie jedoch nicht vollständig erklärt. Somit gibt es eine Parallele zu den Brauen Zwergen, die ebenfalls einen kleinen Teil des Gesamten ausmachen könnten.

Ebenfalls wird über eine Form der kalten Dunklen Materie spekuliert. Bei dieser Idee fehlen einige Einzelheiten; Grundlage sind spezielle und bislang unbeobachtete Elementarteilchen mit schwacher gravitativer Wechselwirkung, den so genannten WIMPS. Die theoretischen Auswirkungen dieser hypothetischen Teilchen stehen jedoch laut einigen Wissenschaftlern nicht im Einklang mit tatsächlich Messergebnissen. Somit gilt die Möglichkeit, dass diese Dunkle Materie schwach energetisch und somit

„kalt" sein könnte, als nicht wirklich tragbar. Andere Forscher wollen diese WIMPS im „Laborversuch" bereits aufgespürt haben. Die Wissenschaft steht der Möglichkeit jedoch mit einer gewissen Skepsis gegenüber.

Je länger wir die Dunkle Materie und die dunkle Energie betrachten, desto mysteriöser wird sie. Sie soll das Universum auseinandertreiben und in gigantischen Mengen vorhanden sein. Nur sehen, beobachten oder messen können wir sie eben nicht. Alle bisherigen Theorien, die wir im letzten Kapitel beleuchtet haben, erklären das Phänomen nicht, nicht ausreichend oder nur einen sehr kleinen Teil davon. Eines haben sie jedoch alle gemeinsam. Sie liegen alle der Annahme zu Grunde, dass das Newtonsche Gravitationsgesetz existiert. Manche Wissenschaftler verfolgen nun einen anderen, exotischeren Ansatz, um die Existenz der Dunklen Materie zu erklären. Dieser geht sogar noch einen Schritt weiter und stellt die komplette Hypothese auf den Kopf: Ist es wirklich die Dunkle Materie, die für die Dynamik am Rand der Galaxien sorgt und das Universum auseinanderdriften lässt? Oder gibt es doch noch etwas anderes dort draußen, das die Phänomene erklärt?

Aus diesem Gedankengang hinaus entstanden Theorien, die die bestehenden Gesetze modifizieren, auf dessen Grundlagen die bisherigen Theorien fußten. Eine davon ist die

MOND-Hypothese, eine Abkürzung für „modifizierte Newtonsche Dynamik". Diese Annahme schließt die Existenz von Dunkler Materie aus und bietet so einen alternativen Ansatz zur Erklärung der Beobachtung, dass die Umlaufgeschwindigkeit von Sternen in Randbereichen von Galaxien höher ist als es die weithin akzeptierten physikalischen Gesetze es überhaupt zulassen würden. Um dieses Rätsel zu lösen, wurde Dunkle Materie erst ins Spiel gebracht. Der israelische Physiker und Schöpfer der MOND-Hypothese, Mordehai Milgrom, verfolgt einen anderen Ansatz. Und eines vorab, bevor wir nun in die Einzelheiten der Theorie gehen: Die MOND-Hypothese ist in höchstem Maße umstritten und wird lebhaft diskutiert. Sie beschreibt also nicht, dass eine nicht sichtbare Masse für die erhöhte Umlaufgeschwindigkeit verantwortlich sei. Vielmehr seien es die Newtonschen Gesetze, die eigentlich unabänderlich scheinen, die diese Abweichung verursachen – falls sie entsprechend abgeändert würden. Laut Milgrom ließe sich die Umlaufgeschwindigkeit durch eine kleine Modifikation des Newtonschen Bewegungsgesetzes hinreichend erklären. Grundsätzlich geht der Physiker Milgrom davon aus, dass in den großen Dimensionen des Universums selbst kleinste Beschleunigungsveränderung massive Auswirkungen haben könnten. Also gemäß dem Motto: Kleine Ursache, große Wirkung. Somit bedarf es gar nicht einer großen, unsichtbaren Masse wie die der Dunklen Materie und die (erhöhte) Rotationsgeschwindigkeit am Rand der

Galaxie entstünde durch die Masse im Galaxienzentrum. Dass die MOND-Hypothese nicht jedem von Milgroms Forscherkollegen schmecken möchte, liegt vor allem an zwei Tatsachen: Erstens scheint die Existenz von Dunkler Materie obligatorisch. Außerdem ist sie mit den gängigen Gesetzen von Newton und Einstein gut vereinbar. Um die Beobachtung am Galaxienrand zu erklären, „muss" die Dunkle Materie einfach vorhanden sein. Der zweite Aspekt beschreibt die Skepsis, wenn an etablierten Gesetzen „herumgewerkelt" wird. Schließlich besteht die Newtonsche Gravitationstheorie bereits seit 1686. Anhänger der MOND-Hypothese verweisen jedoch darauf, dass selbst das Newtonsche Gesetz bereits dreimal abgeändert beziehungsweise ergänzt wurde. In Stein gemeißelt sei es somit nicht und, sollte sich die MOND-Hypothese aller Kritik zum Trotz als plausibel herausstellen, könnte es auch erneut abgeändert werden. Diese beiden Gründe sind auch ausschlaggebend, warum die etablierte Wissenschaft überwiegend die Theorie zur Dunklen Materie verfolgt. Die MOND-Hypothese gilt nach wie vor als Überlegung jenseits des wissenschaftlichen Mainstreams. Von den alternativen Ansätzen ist sie jedoch nicht die Einzige, die Dunkle Materie bleibt in ihrer hypothetischen Form ein Kernthema der Wissenschaft.

- Kapitel 4 -

RAUM, ZEIT UND RAUMZEIT

Wenn wir vom Universum sprechen, müssen wir uns ganz zwangsläufig über Wörter wie Raum, Zeit und Raumzeit unterhalten. Benutzen wir diese Wörter im Alltag, meinen wir oft etwas ganz Bestimmtes: Ein Raum ist für uns ein Zimmer in einem Gebäude oder eine bestimmte und begrenzte Region, (z.B. Naturraum). Mit dem Wort „Zeit“ beschreiben wir unsere gängigen Maße zur Zeiteinteilung, aber nicht die Zeit selbst. Gemeint sind also Sekunden, Monate und Jahrhunderte. Landläufig gilt Materie als das, was unorganisch ist. Umgangssprachlich ist für uns ein Stein oder Erde das, was wir eher mit Materie assoziieren als sprächen wir von etwas Belebtem bzw. etwas Organischem. Weder ein Tier noch eine Pflanze würden wir als Materie bezeichnen.

Im Universum wird die Definition von Raum allerdings so betrachtet: Der Raum beschreibt das „Überall“, das Universum ist praktisch wie ein Behälter, der diesen Raum enthält. Außerhalb dieses Behälters ist kein Raum. Dort ist das „Nichts“ und das beschreibt ziemlich genau das, was wir dort vermuten. Es existiert kein Raum, keine Zeit und keine

Materie. Wir stellen uns dabei den Raum als dreidimensional vor. Er hat also eine Höhe, eine Breite und eine Tiefe. Der Raum spielt dabei die Rolle eines Ordnungsmodell, ebenso wie wir das Wort Raum im Sprachgebrauch verwenden würden. Dabei ist der Raum nicht starr: Er geht Wechselwirkungen mit den Objekten ein, die wir darin vorfinden, also Materie und Felder wie Magnet- oder Gravitationsfelder.

Heute steht fest, dass Raum und Zeit untrennbar miteinander verbunden sind. Diese Erkenntnis haben wir keinem Geringeren als Albert Einstein und der allgemeinen Relativitätstheorie zu verdanken. Die Kernaussage lautet: Raum und Zeit verhalten sich relativ zueinander und sind seit dem Urknall untrennbar mit einander verbunden. Für die Wissenschaft war dies nicht immer so. Isaac Newton, ein Vordenker der Physik im 18. Jahrhundert, behauptete noch, dass die Zeit nicht relativ sei, sondern absolut und vom Raum getrennt. Diese Theorie würden wir von unserer Sichtweise aus sofort bestätigen. Ein Beispiel: Wir wohnen in einer Stadt A und möchten in eine Stadt B reisen. Wir gehen davon aus, dass in der Stadt A die Zeit genauso schnell (oder langsam vergeht) vergeht wie in Stadt B. Dies ist für uns ein hilfreicher Fakt. Immerhin können wir somit ausrechnen, wann wir bei einer Reise auch wirklich physisch in dieser Stadt B ankommen. Abhängig ist dies von der Geschwindigkeit unserer Fortbewegung und der Entfernung die zwischen Stadt A und Stadt B liegt. Für Newton war dies ebenfalls ein Fakt oder er transferierte diese Vorstellung auf das Universum. Egal ob Stadt A oder B oder Galaxie A oder B – Die Zeit vergeht im Universum überall gleich schnell, sie ist absolut. Albert Einstein brachte eine andere These ein. Zeit vergeht eben nicht konstant und ist abhängig und sogar untrennbar vom Raum. Ohne Raum kann keine Zeit existieren und umgekehrt auch nicht.

Wie sehen die Wechselwirkung konkret aus? Das Stichwort lautet Gravitation. Objekte innerhalb des Universums besitzen Masse und Gravitation. Diese Schwerkraft formt den Raum. Stellen wir uns den Raum wie ein Kissen vor und ein großes Objekt als eine schwere Metallkugel. Legen wir diese Kugel nun auf das Kissen formt sie eine sichtbare Kuhle. Legen wir nun eine kleinere Kugel in die Nähe dieser Senke, die die schwerere Kugel verursacht, rollt sie darauf zu. Ähnlich verhält es sich mit der Gravitation im Weltraum – eine Krümmung im Raum entsteht. Doch was hat die Zeit damit zu tun? Einstein sagt, dass nicht nur der Raum gekrümmt wird, sondern auch die Zeit. Sie wird praktisch gestaucht und ist genauso formbar wie der Raum. Um einen Überblick darüber zu erhalten, warum das so ist, müssen wir noch einmal den Raum als Gesamtes betrachten. Wir haben festgestellt, dass der Raum dreidimensional ist und sich aus Höhe, Breite und Tiefe definiert. Durch die Einstein´sche Erkenntnis, dass Raum und Zeit nicht zu trennen sind, muss der Faktor Zeit dort ebenfalls berücksichtigt werden. Das ist die Geburtsstunde des Begriffs Raumzeit. Der dreidimensionale Raum wird somit durch den zusätzlichen Faktor Zeit vierdimensional. Die Zeit ist nämlich eindimensional. Was die Richtung anbelangt, verläuft sie nämlich immer gleich. Sie bewegt sich von der Gegenwart in die Zukunft und das ist unabänderlich. Sie kann nicht gestoppt werden und sich auch nicht rückwärts – also in die Vergangenheit – bewegen.

Durch die Krümmung des Raumes und die damit verbundene Stauchung der Zeit bewegt sich die Zeit überall anders. Dies gilt für wirklich alles, auch für jedes einzelne Teilchen. Und wie ist das in unserem Fall mit der Stadt A und der Stadt B? Auch hier gibt es Unterschiede, dennoch leben wir in und mit der Raumzeit. Dieser Unterschied ist auf der Erde jedoch so gering, dass wir ihn nicht spüren können. Er ist allerdings messbar. Aber eine Uhr bringt uns hier nichts. Der Unterschied ist lediglich eine minimale Nuance. Durch die unfassbar großen Entfernungen ist die Abweichung auf unserer Erde nur marginal. Selbst unsere schnellsten Raumfahrzeuge wie Raketen lassen keine Unterscheidungen zu. Und auch wenn ein Astronaut den Mars betritt, merkt er trotz der relativ weiten Entfernung zur Erde keinen Unterschied. Das ist für unser Zusammenleben auch gut so. Schließlich erlaubt eine exakte Zeitbestimmung erst die Fähigkeit zur Navigation, wie es bei der gedachten Reise zwischen zwei Städten der Fall wäre. Und: Würde die Zeit nicht zwangsläufig in die Zukunft laufen oder in großem

Maße von dieser Zielrichtung abweichen, könnten wir gar nicht existieren. Würde die Zeit wie willkürlich vor- und zurück laufen, wäre es denkbar, dass wir als Person zweimal existieren oder überhaupt nicht existieren.

Messbar werden die Abweichungen im Ablauf der Zeit nur durch Berechnungen und Messungen. Es gilt die Faustformel: Je geringer die Schwerkraft, desto schneller verrinnt die Zeit. Somit vergeht die Zeit auf einem massereichen Planeten mit höheren Gravitationskräften insgesamt einen Tick langsamer als auf unserer Erde.

Für die jeweilige Definition der Zeit ist der Faktor der Geschwindigkeit ebenfalls sehr wichtig. Kleinste Teilchen, die sich mit Lichtgeschwindigkeit fortbewegen, sind praktisch ewig. Für sie bewegt sich die Zeit überhaupt nicht. Das lässt Raum für durchaus spannende Theorien. Würden wir uns in einem Raumschiff mit Lichtgeschwindigkeit bewegen, stände die Zeit für uns praktisch still. Wir würden nicht einmal altern. Dennoch läuft die Zeit an anderen Punkten des Universums ganz normal weiter. So würden die Menschen auf der Erde ungehindert Älter werden, während wir den Unterschied im Verlauf der Zeit gar nicht spüren. In der Science-Fiction wird dieses Merkmal der Zeit häufig aus dramaturgischen Gründen außer Acht gelassen oder durch fortschrittliche Antriebstechnologien und neue physikalische Erkenntnisse ermöglicht. In Filmen und Romanen sehen und lesen wir oft von Technologien oder so genannten „Wurmlöchern", die die Raumzeit so krümmen, sodass dieser Effekt aufgehoben werden soll. Diese Ideen sind nicht nur Zukunftsmusik, sondern lediglich Gedankenspiele, die dennoch ihre berechtigte Faszination auf uns ausüben.

- Kapitel 5 -

DIE BEGRIFFE KOSMOS, UNIVERSUM UND WELTRAUM

Wir fassen es zunächst noch einmal zusammen: Das Universum ist die Gesamtheit von Zeit und Raum inklusive aller Materie und Energie, die sich darin befindet. Wenn aber in Science-Fiction-Filmen vom „Weltall" die Rede ist, dann wechseln sich die Bezeichnungen für jenes Unbekannte außerhalb unserer Erde etwas ab. Wir benutzen die Wörter Weltall und Kosmos ebenso wie die Bezeichnung Universum. Richtig ist das nur, wenn wir tatsächlich das gleiche meinen. Kosmos und Weltall meinen nämlich das gleiche, eben das was wir auch unter Universum verstehen. Wie schaut es aber mit dem Begriff Weltraum aus? Dieses Wort beschreibt etwas anderes und etwas „Greifbareres" als das Universum als solches. Ganz einfach ausgedrückt: Das Wort „Weltraum" beschreibt den Raum zwischen den Welten. Das ist zugegeben ein wenig poetisch und wirkt angestaubt. Aber dennoch ist das richtig. Der Weltraum ist der Raum zwischen Planeten und Galaxien, Sternen und vielem mehr. Also der „Platz" zwischen einzelnen Himmelskörpern und somit genau die Gebiete, die die Protagonisten im Fernsehen mit

Raumschiffen bereisen. Science-Fiction ist das natürlich schon lange nicht mehr. Auch Neil Armstrong und die weiteren Astronauten der Apollo 13 Mission waren echte Raumfahrer. Schließlich durchquerten sie den Raum zwischen Erde und Mond, bevor Sie dann als erste Menschen auf dem Mond landeten. Sie waren übrigens nicht die ersten Raumfahrer. Die Besatzung der Apollo 8 Mission waren 1968 die ersten Menschen, die den Mond umkreisten. Und noch davor gelang der russischen Wostok 1 schon 1961 der erste benannte Weltraumflug überhaupt und machte Juri Gagarin zum ersten Raumfahrer der Menschheitsgeschichte.

- Kapitel 6 -

STERNE, GALAXIEN UND DER RAUM ZWISCHEN DIESEN

Um den Weltraum besser zu klassifizieren, hat die Wissenschaft Einteilungen vorgenommen, ähnlich wie die verschiedenen Tiefen der Ozeane. Auch hier sind die Grenzen fließend und so verhält es sich mit dem Übergang unserer irdischen Atmosphäre. Um diesen Übergang besser zu gliedern, existiert die Kármán-Linie. Diese (gedachte) Linie ist etwa 100 Kilometern über dem Erdboden und weist eine besondere Eigenschaft auf. Ab dieser Höhe ist der benötigte Flugauftrieb eines Luftfahrzeugs genau so groß wie die Umlaufgeschwindigkeit eines Satelliten der um die Erde kreist, eine markante Grenze gibt es jedoch nicht. Das ist auch der Grund, warum über diese Einteilung ein wenig Uneinigkeit herrscht. Für die NASA hört der irdische Flugbetrieb bei diesen 100 Kilometern auf, andere Institutionen wie die US Air Force ziehen die Grenze schon bei 80 Kilometern. Für beide Definition gilt jedoch, dass ein Objekt, das diese Grenzen passiert, die Erde faktisch verlassen hat: Es befindet sich im Weltraum und zwar im sogenannten erdnahen Weltraum.

Wie wir feststellen, wird die Entfernung zum Eintritt in den Weltraum also unterschiedlich definiert. Diese Entfernung variiert auch dann, wenn wir verschiedene Himmelskörper betrachten. Wann sich ein Objekt im Weltraum befindet, hängt mit der jeweiligen Atmosphäre zusammen. Der Mond beispielsweise hat keine Atmosphäre im eigentlichen Sinne, zumindest ist sie dort so dünn, so dass sie einem Vergleich mit der Atmosphäre der Erde nicht standhalten könnte. Somit beginnt dort der Weltraum direkt auf der Oberfläche. Spaziert also ein Astronaut auf dem Mond befindet er sich – logisch – auf dem Mond, aber eben auch gleichzeitig im Weltraum. Gleiches gilt für einen hypothetischen Besuch auf dem Merkur, denn dessen Atmosphäre besteht zwar aus Helium, Wasserstoff und anderen Elementen, ist aber vergleichbar mit der des Mondes. Anders sieht es bei Mars und Venus aus, die eine Atmosphäre besitzen, die auch ihren Namen verdient. Deshalb besitzen diese beiden Himmelskörper ebenfalls eine Kárman-Linie: Bei der Venus liegt diese bei 250 Kilometern Höhe von der Oberfläche, im Falle des Mars wurde sie auf 80 Kilometer festgelegt.

Zum Verständnis: Ab unserer Kárman-Linie, sei es je nach Betrachtungsweise bei 100 oder 80 Kilometern Höhe, ist die Atmosphäre nicht verschwunden. Sie dünnt praktisch nur aus. Dies ist bedeutend für die erdnahe Raumfahrt. So ist für die Internationale Raumstation ISS die Bremswirkung der Erdatmosphäre ein sehr relevanter Faktor. Auch wenn die Station im Orbit in einer ungefähren Höhe von 400 Kilometern um die Erde kreist.

DER ERDNAHE RAUM

Der erdnahe Raum hat ein eigenes „Klima". Es wird von dem Magnetfeld der Erde bestimmt, das eine Magnetosphäre um unseren Planeten bildet. Diese Magnetosphäre ist unsichtbar und kann in etwa mit dem Schweif eines Kometen verglichen werden. Denn die Magnetosphäre, also der Wirkungsbereich des Magnetfelds der Erde, ist überaus wichtig. Sie schützt unseren Planeten vor Sonnenwinden, einem Strom geladener Teilchen, der gleichmäßig von unserer Sonne ausgeht und ständig auf uns einprasselt. Dieser Sonnenwind ist auch für den Schweif eines Kometen zuständig. In vielen trivialen Darstellungen zieht ein Komet seinen Schweif hinter sich her, praktisch so, wie der Kondensstreifen eins Flugzeugs. Das ist jedoch nicht korrekt. Der Schweif bildet sich immer auf der sonnenabgewandten Seite eines solchen Kometen und hat mit der Richtung, in dem sich das Objekt, fortbewegt, nichts zu tun.

Das gleiche Phänomen können wir bei der Magnetosphäre der Erde beobachten. Auf der Tagseite, also dem Teil der Erde, die der Sonne zugewandt ist, misst die Magnetosphäre etwa 60.000 Kilometer. Sie wird durch den Sonnenwind praktisch gestaucht. Auf der Nachtseite ist sie um das zehnfache länger, etwa 600.000 Kilometer, und wird dort in die Länge gezogen.

Die Bedeutung für unsere Erde ist gigantisch. Ohne die schützende Funktion der Magnetosphäre könnte kein Leben auf unserem Planeten existieren. Denn Sonnenwinde bestehen aus ionisiertem Wasserstoff und Helium-4-Atomkernen. Dieses Plasma ist für eine erhöhte Strahlung verantwortlich, die für einen Menschen tödlich ist. Die Wechselwirkung des Sonnenwinds mit unserem Planeten können wir sogar sehen. Polarlichter entstehen dann, wenn die elektrisch geladenen Teilchen des Sonnenwindes auf die Stickstoff- und Sauerstoffatome unserer Atmosphäre treffen und in der Folge diese ionisieren. Es entsteht Fluoreszenz durch das sich kurzzeitig ändernde Energieniveau. Wie der Name bereits vermuten lässt, lassen sich Polarlichter in den Polregionen der Erde beobachten. Dort verändert sich die Magnetosphäre von der gestauchten Variante der Tagseite auf die längere Version in Schweif-Form auf der Nachtseite der Erde. So entsteht eine Art von Lücke, die sich an den Polen befindet. So kann das Plasma des Sonnenwindes die Erde erreichen und sorgt für die optische Wechselwirkung. Das ist kein Phänomen, das auf die Erde beschränkt ist, sondern auch auf anderen Planeten zu beobachten ist. Voraussetzung ist auch hier das Vorhandensein einer Atmosphäre und einer Magnetosphäre. Demzufolge können auf dem Mond keine Polarlichter entstehen, auf Mars und Venus aber schon.

Sonnenwind ist übrigens nicht völlig kontinuierlich. Bei einer Sonneneruption wird eine erhöhte Menge Plasma ausgestoßen. Das hat eine (negative) Bedeutung für uns: Fallen diese Sonnenstürme, wie sie oft trivial bezeichnet werden, besonders heftig aus, können Satellitenverbindungen gestört werden. Wie „heftig" die Sonnenwinde geraten sind, fassen wir unter dem Begriff Weltraumwetter zusammen. Diese Wetterlagen haben Auswirkungen auf unseren Alltag. Wie wir oben gesehen haben, kommt es in den Polarregionen zu Wechselwirkungen der Erdmagnetosphäre mit den Sonnenwinden. Dies resultiert nicht nur in optischen Phänomenen wie den Polarlichtern, sondern auch zu einer erhöhten Strahlung, die auf den menschlichen Organismus negative Folgen haben kann. Aus diesem Grund sollte bei größeren Sonneneruptionen bei Reisen mit dem Flugzeug ein Überflug der Polarregionen gemieden werden.

Wir können also festhalten: Im erdnahen Weltraum ist eine Menge los. Und den wichtigsten Teil haben wir noch gar nicht betrachtet. Selbstverständlich sind der erdnahe Raum und der Orbit gezeichnet durch den Menschen. Wir finden dort Satelliten, Spuren der bemannten und unbemannten Raumfahrt und jede Menge Schrott. Dieser Müll im Weltraum umkreist in hohen Stückzahlen auf verschiedenen Umlaufbahnen die Erde. So vermutet die europäische Weltraumorganisation ESA (kurz für European Space Agency), dass uns in etwa 600.000 Objekte umkreisen, die einen Durchmesser von circa einem Zentimeter und mehr haben. Die NASA hat zusätzlich 13.000 Objekte ausgemacht, die größer als fünf Zentimeter sind. Das mag auf den ersten Blick nicht weiter gefährlich anmuten, die Müllteile haben es jedoch in sich. Das liegt an der relativen Geschwindigkeit dieser Kleintrümmer. Die sind mit rund zehn Kilometern pro Sekunde unterwegs und das macht selbst kleinste Teile zu einer kleinen Granate: Durch die Geschwindigkeit entwickelt ein Partikel von einem Gramm eine Sprengkraft von 12 Gramm TNT. Für Satelliten und die bemannte Raumfahrt stellt dies durchaus eine Gefahr dar. Die Internationale Raumstation ISS ist aus diesem Grund mit speziellen Meteoritenschutzschilden ausgestattet, die dem Aufschlag eines Trümmerteils in dieser Größenordnung widerstehen können.

Der interplanetare Raum und das interplanetare Medium

Lassen wir den erdnahen Weltraum hinter uns, gelangen wir in den interplanetaren Raum. Und dies beschreibt den Teil zwischen allen festen Objekten des Weltalls, also Sternen, Planeten, Galaxien und so weiter. Stellen wir uns den gesamten Weltraum als Ozean vor, wären die Objekte darin Schiffe und der Raum dazwischen das Wasser. Aber der Raum ist weitaus unspektakulärer als unsere Vorstellung des Wassers im Ozean. Denn wirklich viel ist dort nicht, was aber nicht „Nichts“ bedeutet. Denn das „Nichts“ befindet sich außerhalb unseres Universums. Den Raum zwischen den Objekten in unserem Sonnensystem, wie Mond und Erde, nennen wir das interplanetare Medium. Das interplanetare Medium besteht in unserem Sonnensystem aus dem Plasma der Sonnenwinde, extrem verdünntem Gas, magnetischen Feldern und Staubpartikeln. Ob und wie ein Objekt wie ein Planet mit dem interplanetaren Medium interagiert, ist von dem Vorhandensein einer Magnetosphäre abhängig.

Die Wissenschaftler der vergangenen Jahrhunderte waren sich sicher, dass es sich bei dem Raum zwischen Planeten um ein perfektes und vollendetes Vakuum handele. Weder Partikel noch Elemente waren in deren Vorstellung vorhanden. Bis sich die Wissenschaft von dieser Vorstellung verabschiedete, dauerte es noch bis in die Neuzeit. Erst in den 1950er Jahren wurde die Vorstellung akzeptiert, dass der interplanetare Raum nicht völlig leer sei. So wirklich falsch lagen die Forscher vor einigen Jahrhunderten aber auch nicht. Der Weltraum ist ein fast perfektes Vakuum; tatsächlich ist die Dichte derart gering, dass getrost von einer Leere gesprochen werden kann. In der Darstellung von Science-Fiction-Filmen wird dem Raum gar mehr Inhalt zugesprochen, als überhaupt möglich ist. Beliebt sind beispielsweise Szenen von Raumschiffen, die krachend explodieren. Diese Explosion ist auch in unserer realen Welt im Raum denkbar. Zumindest dann, wenn wir davon ausgehen, dass sich der Sauerstoff an Bord entzündet und verbrennt. Aber da hört es bei der „krachenden Explosion" auch schon auf. Hören können wir diese nämlich nicht. Dazu ist die Partikeldichte im Weltraum viel zu gering, als dass der Schall transportiert werden könnte, wie es zum Beispiel bei unserer Luft, bei Wasser aber auch bei fester Materie der Fall wäre. Eine weitere beliebte Darstellung ist die, dass es im Raum bitterkalt sein muss. Das ist richtig, zumindest je nach Standort. Dennoch ist die Temperatur nicht überall gleich. Je weiter die Sonne entfernt ist, desto kälter wird es. Im Asteroidengürtel, einer großen Ansammlung von Asteroiden zwischen den Planeten und Mars und Jupiter, geht die Wissenschaft von einer Temperatur von -73 Grad Celsius aus. Also ist die Temperatur abhängig von der Entfernung zur Sonne und dieses Verhältnis spiegelt sich auch bei der Oberflächentemperatur der Planeten in unserem Sonnensystem wider. Denn nicht an allen Orten des Sonnensystems ist es eisig. Die Oberflächentemperatur des Merkur, der der Sonnen am nächsten steht, kann auf der Seite, die der Sonne zugewandt ist, stolze 427 Grad Celsius erreichen, während auf der Nachtseite -173 Grad Celsius herrschen können. Dazu ist jedoch noch eine wichtige Anmerkung nötig: Der Weltraum an sich kann keine Temperatur haben, sondern nur die darin befindliche Materie beziehungsweise Strahlung.

DER INTERSTELLARE RAUM UND DAS INTERSTELLARE MEDIUM

Gehen wir einen Schritt weiter und entfernen uns weiter von unserem Sonnensystem. Der Bereich, in den wir nun eintauchen, ist der interstellare Raum. Dieser beschreibt jenen Raum, der fern der Sterne, aber innerhalb einer Galaxie liegt. Im Falle unseres Sonnensystems ist die Grenze zwischen interplanetarem und interstellarem Raum in etwa 18 Milliarden Kilometern Entfernung zu verorten. Dort endet die Heliosphäre, also der Bereich, in dem der Sonnenwind unserer Sonne wirksam ist. Diese Grenze nennt man auch Heliopause. Schauen wir uns die Bestandteile an, können wir bereits jetzt feststellen, dass das interstellare Medium im Vergleich zum interplanetaren Medium noch um einiges dünner ist. Schließlich fehlt mit dem Plasma der Sonnenwinde ein essentieller Bestandteil. Genauer gesagt ist es dort „kalt und dunkel". So kommentierten es zumindest die Forscher der NASA, als am 25. August 2012 die Raumsonde Voyager 1 die Heliosphäre unseres Sonnensystems verließ und in den interstellaren Raum eindrang. Dies war eine Premiere, keinem anderen menschengemachten Objekt war dies bis dato gelungen. Am 5. November 2018 erreichte die Sonde Voyager 2 ebenfalls den Rand der Heliosphäre. Bewiesen wurde dies durch den signifikanten Abfall der Zählrate der solaren

Teilchen. Somit wurde der interstellare Raum erreicht – und gleichzeitig die Grenze unseres Sonnensystems.

Ebenso wie bei dem interplanetaren Raum ist der interstellare Raum nicht völlig leer. Bestandteile sind Gas in ionisierter, molekularer und atomarer Form sowie interstellarer Staub. Dieser hat seinen Namen mehr als verdient. Sein Durchmesser beträgt im Mittel nur wenige Mikrometer und auch die Verteilung kann je nach Ort stark variieren. Analysen der Zusammensetzung von interstellarem Gas lassen Rückschlüsse auf die Bestandteile der Staubpartikel zu. Kohlenstoff, Silikate, Wassereis und gefrorenes Kohlenstoffdioxid gelten als „Hauptzutaten“ dieses Staubs. Die Wissenschaftler können diesen Staub auch visuell beobachten: Er trübt das einfallende Licht. Neben Gas und Materie ist der interstellare Raum außerdem erfüllt von verschiedenen Strahlungsarten wie der kosmischen Strahlung und der elektromagnetischen Strahlung.

DER INTERGALAKTISCHE RAUM UND DAS INTERGALAKTISCHE MEDIUM

Als intergalaktischer Raum wird der Raum zwischen Galaxien bezeichnet. Gleichzeitig ist dies mit Abstand der größte Teil des Weltraums – und des Universums. Das wir hier wieder auf das Universum treffen, ist kein Zufall. Es bezeichnet die gigantischen Räume, die praktisch das Universum ausfüllen. Und zwar dort, wo interplanetarer und interstellarer Raum ein Ende finden, wobei zu berücksichtigen ist, dass die Grenzen jeweils fließend sind. Insbesondere beim Übergang zwischen interstellarem und intergalaktischem Raum. Der intergalaktische Raum findet sich auch an der Grenze des Universums, er umfasst praktisch alles. Das bedeutet, dass wir hier an der größtmöglichen Einheit angekommen sind. Dieser Raum besteht im Wesentlichen aus freiem Wasserstoffgas. Aber dort, in den Weiten des Weltraums, ist nicht viel los. Auf einem Kubikmeter Raum tummeln sich gerade einmal zehn Atome. Es gibt jedoch Abschnitte, wo einiges im Gange sein soll. Diese hat die Astronomie unterteilt. In das so genannte warm/heiße intergalaktische Medium und das Intercluster-Medium.

Das warm/heiße Medium soll – wie es der Name vermuten lässt – hohe Temperaturen haben und besteht aus Wasserstoff und Helium in einer Form von Wolken. Das ionisierte Gas verursacht erhöhte Gradzahlen, die von 100.000 bis 10 Millionen Grad Kelvin reichen. Es besteht die Vermutung, dass 40 bis 50 Prozent der baryonischen Materie als warm/heißes intergalaktisches Medium existiert.

Als Intercluster-Medium dagegen wird der Raum zwischen Galaxien innerhalb von Galaxienhaufen genannt. Auch hier finden sich enorm hohe Temperaturen, aber es wird noch heißer: Zwischen 10 und 100 Millionen Grad Kelvin werden hier vermutet. Auch das Intercluster-Medium besteht im Wesentlichen aus baryonischer Masse, also Wasserstoff und Helium. Jedoch finden sich dort auch schwerere Atome, so zum Beispiel Eisen. Wir können dieses Gemisch sogar im übertragenen Sinne „sehen“: Das Intercluster-Medium emittiert Röntgenstrahlung, die wir auf der Erde messen können.

GALAXIEN UND STERNE

Eine Galaxie ist eine Ansammlung von Sternen, Nebeln, Planetensystemen und sonstigen astronomischen Objekten und somit eigentlich allem, was wir im Universum so entdecken können. Zusammengehalten wird das alles von der uns sehr gut bekannten Gravitation. Galaxien kommen dabei in verschiedenen Erscheinungsformen vor wie beispielsweise Galaxienhaufen, in denen sich eine Vielzahl von Galaxien relativ nah auf einem Punkt befinden. Ein Galaxienhaufen besteht in etwa aus einhundert bis eintausend einzelnen Galaxien, die sich miteinander in Wechselwirkung befinden. Im Universum findet sich eine schier unendliche Zahl dieser Ansammlungen von Sternen. Eine Galaxie ist gleichzeitig die Geburtsstätte neuer Sterne. Ob und in welcher Intensität dies von Statten geht, ist jedoch sehr unterschiedlich. Denn es gibt eine Vielzahl von Galaxien. Allein von der Erde aus lassen sich etwa 50 Milliarden Galaxien ausfindig machen. Zur Veranschaulichung der Größe ziehen wir einen Vergleich heran: Wenn das Universum eine Stadt ist, dann ist eine Galaxie wie eine Straße, an der eine große Anzahl von Häusern stehen. Jedes einzelne dieser Häuser stellt einen Stern dar und die Planeten darum sind die einzelnen Zimmer. Genauso wie die Städte auf unserer Erde unterscheiden sich auch die Galaxien in ihrer Form und Größe. Unsere Milchstraße zum Beispiel wäre eine echte Metropole. Sie gilt mit einer

Ausdehnung von etwa 200.000 Lichtjahren als eine der größten Galaxien. Die uns am nächsten gelegene Galaxie ist Andromeda und circa 2,5 Millionen Lichtjahre weit entfernt.

Nicht jede Galaxie ist gleich. Es gibt insgesamt vier verschiedene Kategorien, die nach der sogenannten Hubble-Klassifikation unterschieden werden. Ein bekannter Vertreter ist die Spiralgalaxie, die für uns in etwa wie ein Strudel aussieht. Das liegt an der Eigenrotation der Galaxie. Im Inneren dieser Sternansammlung befindet sich ein „Bulge", der den Mittelpunkt von Spiralgalaxien bildet. Von diesem Punkt aus gehen die Spiralarme aus, die sich in ihrer Erscheinung stark voneinander unterscheiden können. Im „Bulge" entstehen kaum neue Sterne, in den Spiralarmen ist dies jedoch möglich. Optisch erinnern solche Galaxien an Scheiben, die im Weltraum schweben. Demzufolge werden sie auch Scheibengalaxien genannt.

Elliptische Galaxien besitzen – wie der Namen schon vermuten lässt – eine elliptische Form und sind meist in großen Sternenhaufen zu finden. Vermutlich sind diese Galaxien aus der Verschmelzung kleinerer Galaxien hervorgegangen. Neue Sterne werden hier aufgrund eines Mangels an kaltem Gas kaum gebildet; die Sterne innerhalb der elliptischen Galaxien sind meist alt und rot. Solche Galaxien besitzen nicht die charakteristischen Spiralarme.

Eine Mischform von Elliptischer Galaxie und Spiralgalaxie stellen linsenförmige Galaxien dar. Sie ähneln vom inneren Aufbau eher einer Spiralgalaxie, besitzen jedoch keine Spiralarme. Noch exotischer sind irreguläre Galaxien. Auf diesen Typ passt keine der genannten Eigenschaften. Sie weisen weder eine elliptische Form noch die Spiralarme auf und strahlen nur wenig Licht aus. Dafür sind sie im Universum jedoch recht häufig anzutreffen. Neben diesen vier Hauptkategorien gibt es jedoch noch viele Untergruppierungen von Galaxien wie Radiogalaxien oder Quasare.

Wie diese Unterschiede zustande kommen, ist ein Teilgebiet der Astronomie, dem sich die Wissenschaft sehr intensiv widmet. Genauso unklar ist es, wie Galaxien überhaupt entstehen. Selbstverständlich gibt es dazu Theorien. So sollen Spiralgalaxien kurz nach dem Urknall durch rotierende Gaswolken entstanden sein. Die elliptischen Galaxien sollen als ein Produkt einer Kollision (besser gesagt: Verschmelzung) von zwei Spiralgalaxien entstanden sein. Grundsätzlich lässt sich daraus folgern, dass Spiralgalaxien älter als die elliptischen sind.

Besonders wichtig ist die These, dass sich im Zentrum einer jeden Galaxie ein supermassereiches Schwarzes Loch befand, das ursprünglich eine dichte Gaswolke war, die schließlich kollabierte. Durch diesen Vorgang erhitzte sich umliegendes Gas. Diese Reaktion soll eine Entstehung von Sternen (und Planeten) überhaupt erst ermöglicht haben.

Und hier kommen wir gleich zu einer weiteren wichtigen Frage: Wie entstehen die Sterne? Ohne Zweifel kommt Sternen wie unsere Sonne im Universum eine tragende Rolle zu. Sie sorgen für die Energie, die für viele Prozesse im Weltraum verantwortlich sind. Während unsere Sonne auf dem Planeten Erde der Motor für die Entstehung von Leben war, ist sie ebenfalls in der Lage, aus einem vergleichsweise warmen Planeten wie dem Mars einen eisigen Wüstenplaneten zu machen.

Das Grundrezept eines jeden Sternes besteht aus einer Gaswolke, die aus Wasserstoff besteht. An einem bedeutenden Wendepunkt, zum Beispiel durch Energieeinwirkung von außen, kollabiert diese Wolke unter ihrer eigenen Schwerkraft. Die Gaswolke verdichtet sich zunehmend und der Druck steigt. So entstehen kleinere, dichte Gaswolken innerhalb der ehemaligen großen Wolke. Daraus entstehen nach weiterer Erhöhung des Drucks schließlich Sterne. Das geschieht meist in Gruppen – Sterne entstehen fast nie einzeln. Durch weitere Kontraktion werden Gravitationskräfte frei, die für eine Erhitzung sorgen. Hier sprechen wir immer noch von einem sogenannten Protostern. Ein Stern ist erst dann entstanden, wenn die Temperatur eine Kernfusion in Gang bringt: Wasserstoff verbrennt zu Helium. Dieser Prozess findet auch in unserer Sonne statt.

Um die Sterne zu klassifizieren, bedient sich die Wissenschaft der Hauptreihe, die praktisch die Lebenszyklen eines solchen Himmelskörpers beschreiben. Diese Klassifizierung findet von den Buchstaben O bis M statt, sie ist nicht alphabetisch. Vielmehr werden damit ihre Spektralklassen beschrieben. Je nach Alter leuchten junge Sterne blau, andere rot. Grundsätzlich gilt: Je röter ein Stern strahlt, desto älter ist er. Davon haben wir bereits gehört. Von jungen bis alten Sternen gibt es insgesamt sieben verschiedene Einteilungen innerhalb der Hauptreihe. O (blaues Licht, früh), B (blau-weiß, früh), A (weiß, früh), F (weiß-gelb, mittel), G (gelb, mittel), K (orange, spät) und M (rot-orange, spät). Unserer Sonne finden wir in der Kategorie G wieder. Grundsätzlich lassen sich 99 Prozent der entdeckten Sterne in dieser Hauptreihenlinie einordnen. Die Lebenszyklen verlaufen also weitestgehend gleichmäßig. Aber es gibt mit den Braunen Zwergen und Roten Riesen auch Ausnahmen von der Hauptreihe. Durch ihre Seltenheit spielen diese Klassen aber eher eine untergeordnete Rolle in der Astronomie.

Innerhalb der Hauptreihe unterscheiden sich die Sterne nicht nur in der Farbe, sondern auch in ihrer Masse, dem Hauptkriterium zur Einteilung. Im Laufe der Jahrmillionen schrumpfen die Sterne durch den Fusionsprozess ein. Die Masse unserer Sonne war beispielsweise vor vielen Jahren 60-mal höher. Etwa 60 Prozent wird sie noch verlieren, bis sie am Ende der Hauptreihe angelangt sein wird oder aus der Hauptreihe ausschert. Denn auch das ist durchaus möglich.

Bis dahin wird es jedoch noch etwas dauern. Manche Sterne – so auch unsere Sonne– verabschieden sich mit einem Knall. Am Ende ihres Lebenszyklus wird aus einem Stern ein Roter Riese und/oder Weißer Zwerg oder eine Supernova, eine gigantische Explosion deren Licht heller als die Galaxie selbst ist.

Um diesen Zustand zu erreichen, müssen wir die Massen der Sterne genauer betrachten. Je größer ein Stern ist, desto schneller verbrennt er. Große, massereiche Sterne brauchen dazu nur wenige hunderttausend Jahre. Kleineren Sternen ist somit ein längeres „Leben" beschert. Unsere Sonne hat zum Beispiel noch nicht einmal die Hälfte ihrer Energie aufgebraucht. Generell wird innerhalb eines Sterns im längsten Teil seiner Lebensdauer Wasserstoff zu Helium verbrannt. Diese Zeitspanne umfasst meist etwa 90 Prozent der gesamten Lebensdauer. In den letzten Phasen der Brenndauer fusionieren die Heliumkerne. Dies ist nur möglich, wenn ausreichender Druck und Hitze vorhanden ist. Setzt dieser Prozess ein, verlassen die Sterne die Hauptreihe. Das nun folgende Schicksal ist im Wesentlichen von der Masse eines jeweiligen Sterns bestimmt. Generell sind drei Szenarien denkbar. Massearme Sterne, die bis zu einem Drittel der Masse unserer Sonne besitzen, erlöschen nach dem Fusionsvorgang vollständig, ziehen sich zusammen und werden zu einem Weißen Zwerg. Die Farbgebung entsteht durch die Hitzeentwicklung durch diese Kontraktion, die sich jedoch ebenfalls nach und nach abschwächt und erlischt. Der Stern bleibt als Schwarzer Zwerg zurück. Bei Sternen, die in etwa die Masse unserer Sonne besitzen, sind die Ereignisse bereits etwas prekärer. Setzt sich die Fusion von Helium erst einmal in Gang, verändert sich der Stern auf spektakuläre Art. Durch die Steigerung von Leistung und Temperatur im inneren des Sterns, expandiert der Himmelskörper auf seinen 100-fachen Radius und wird zum Roten Riesen. Nach Abschluss des Heliumbrennens findet eine Kontraktion zum Weißen Zwerg statt, der ebenfalls zum Schwarzen Zwerg wird. Bei massereichen Sternen ist das Ende beim Heliumbrennen noch nicht erreicht. Ist das Helium fusioniert, verbrennt anschließend auch der Kohlenstoff. Das Resultat dieses Vorgangs ist die Entstehung einer Vielzahl von Elementen bis hin zu Eisen. Da diese Elemente nicht weiter verbrennen, ist faktisch der Brennstoff verbraucht. So kann es zu einer Supernova kommen. Der durch die Fusion erreichte Innendruck sinkt rapide ab und der Stern kollabiert. Zunächst werden jedoch durch eine Kettenreaktion alle anderen „verbrennbaren“ Elemente fusioniert – bis hin zum Silizium, dessen Verbrennung nur wenige Tage dauert. Sind alle verbrennbaren Materialien reagiert bzw. verbrannt, kommt es zum Kollaps des Kerns. Innerhalb von Millisekunden fällt der Stern in sich zusammen und der innerste Teil des Kerns besteht nur noch aus Neutronen. Diese entstehen, wenn aufgrund der enormen Druckverhältnisse Elektronen in Protonen „gequetscht" werden. Ab einem bestimmten Punkt stabilisiert sich der Neutronenstern und es entsteht ein Schwarzes Loch. Von diesem besonderen Phänomen werden wir später noch mehr erfahren. Doch ist dieser Zustand erst einmal erreicht, entsteht eine massive Druckwelle, die aus dem Eisenkern eines Sternes herausbricht. Dabei beginnt eine weitere Fusion, bei der schwere Elemente wie Silber, Kupfer, Gold und Uran entstehen. Es wird vermutet, dass die Hälfte der Vorkommen dieser Elemente auf den Planeten aus Supernovae stammt. Es gibt mehrere Szenarien dazu, was nach einer Supernova von dem ehemaligen Stern übrig bleibt. Je nach Masse kann dies ein Nebel sein, ein Neutronenstern oder das bereits erwähnte Schwarze Loch.

Bei einer Sternenexplosion wird nicht nur ein gigantisches Ausmaß an Energie frei. Es wird darüber hinaus auch ein hohes Maß an Gammastrahlung freigesetzt. Findet eine solche Supernova in der Nähe unseres Sonnensystems (innerhalb eines Radius von etwa 100 Lichtjahren) statt, hätte das fatale Auswirkungen für unseren Planeten. Durch die Strahlung würde unsere Ozonschicht zerstört werden, was einem Massenaussterben führen könnte.

Das geschilderte Szenario ist aber nur eine Möglichkeit, wie eine Supernova ablaufen kann. Es gibt eine Vielzahl von verschiedenen Abläufen. Dies ist in erster Linie von der Masse des Sterns abhängig, aber auch von dessen Umgebung, zum Beispiel dann, wenn ein Stern innerhalb eines Doppelsternsystems zur Supernova wird.

- Kapitel 7 -

UNSERE POSITION IM UNIVERSUM

Schauen wir uns das Universum als solches an, wissen wir über seine Dimensionen ziemlich gut Bescheid. Die Mathematik macht es schließlich möglich. Wir ziehen daraus zwei grundlegende Erkenntnisse:

1. Das Universum ist unfassbar groß.

Und 2.: Wir sind es nicht.

Die Masse unseres Heimatplaneten macht einen winzigen Bruchteil des gesamten Weltalls aus. Schon im Vergleich zu unserem nächsten Stern – der Sonne – gibt die Erde keine gute Figur ab, zumindest dann, wenn es um die schiere Größe geht. Eigentlich ist die Erde nicht mehr, als ein Staubkorn irgendwo im Weltall. Als wäre das nicht schon genug, sind wir nicht nur in kosmologischen Maßstäben winzig, wir können ferne Galaxien noch nicht einmal bereisen, sondern nur sehen. Und selbst das, was wir sehen, ist nicht nur eine gefühlte Ewigkeit weit weg, sondern auch uralt!

Die Menschheit hat jedoch einen großen Vorteil: Forschergeist und Neugier. Denn allein das Bewusstsein für die

Tatsache, dass wir auf einem kleinen Planeten unser Dasein fristen und im Weltall eine absolut unwichtige Rolle spielen, bringt uns einen Schritt weiter, um die Gesamtheit der Abläufe im Universum besser zu verstehen. Dieses Verständnis hat uns nicht nur die Erkenntnis gebracht, was wir sind, sondern auch, wo wir sind. Mit ziemlicher Genauigkeit können wir den Standort des Planeten Erde in den nahezu unendlichen Weiten des Universums verorten. Selbstverständlich war das nicht immer so. Über lange Zeiten waren sich unsere Ahnen sehr sicher darüber, dass die Erde den Mittelpunkt des Universums darstellt. Diese einfache wie arrogante Idee trug den Namen geozentrisches Weltbild. Diese Theorie besagt, dass sich alle Himmelskörper um die Erde drehen. Selbstverständlich ist das nicht der Fall. Allerdings mangelte es den Denkern von damals an der Erkenntnis, dass das Universum deutlich weiter geht als bis zu den nächsten Planeten, die wir teilweise mit dem bloßen Auge erkennen können. Bei unserem heutigen Kenntnisstand der Astronomie wirkt dieses Weltbild natürlich abstrus, für die Welt des Mittelalters war es das aber nicht. Wo sonst sollte sich die Erde als Krone der göttlichen Schöpfung befinden, wenn nicht im Zentrum von allem? In der Renaissance, also der Epoche die sich dem Mittelalter anschloss, waren es vor allem die Astronomen Nikolaus Kopernikus und Johannes Kepler im 15. und 16. Jahrhundert, die diese Vorstellung auf den Kopf stellten. Nach ihrer Vorstellung sollte sich nicht mehr die Erde im Zentrum des Universums befinden, sondern die Sonne. Diese Auffassung wird als heliozentrisches Weltbild bezeichnet. Somit war die damalige Wissenschaft einen Schritt weiter. Und auch für die Sterne wurde eine Erklärung geliefert: Die vermeintlich festen Sterne sollen auf einer Art Kuppel um das Sonnensystem fixiert sein. Man stellte sich also das Universum als eine Art Schneekugel vor, auf deren Außenwand die Sterne befestigt waren.

Bedeutend war der Gedanke eines heliozentrischen Universums nicht nur in astronomischer Hinsicht. Denn für die katholische Kirche war die Idee, dass die Erde nicht das Zentrum vom allem sein könnte, nicht akzeptabel. Sogar Papst Urban VIII widmete sich der ketzerischen Idee. Der dänische Astronom Tycho Brahe entwickelte als Beruhigungsmittel für die Gemüter der Kirche gar einen Kompromiss aus geozentrischem und heliozentrischem Weltbild. Dabei sollte die Erde stillstehen und von Mond und Sonne umkreist werden. Die übrigen Planeten hingegen sollten weiterhin die Sonne umkreisen. Dieses chaotische System mag für manches Oberhaupt der Kirche eine Übereinkunft gewesen sein, die für mehr Akzeptanz sorgte. Dennoch widersprach die Idee gänzlich dem Wissensstand der modernen Forschung, grade wenn es um die Gesetze der Gravitation ging.

Bis sich die Lehrmeinung durchsetzte, dass auch unsere Sonne nicht das Zentrum des Universums ist, verging noch einige Zeit. Erst um 1930 ließ die Wissenschaft von dem Gedanken eines heliozentrischen Weltbildes vollends ab. Dies ist vor allem damit begründet, dass nach und nach andere Galaxien außerhalb unserer eigenen entdeckt wurden. Diese Erkenntnis weichte langsam aber stetig die Meinung auf, dass Erde, Sonne und die sie umkreisenden Planeten etwas Besonderes und Einmaliges sein müssten. Es wurde offensichtlich, dass es dort draußen viel mehr geben muss als unser überschaubares Sonnensystem.

Der Gedanke, der daraus entstand, ist das kosmologische Prinzip, das 1933 von dem englischen Physiker Edward A. Milne eingeführt wurde. Milne beschrieb erstmals, dass das Universum homogen und isotrop ist. Generell ist das kosmologische Prinzip eine Grundsäule des heute gültigen Standardmodells der Kosmologie, also der Auffassung, dass das Universum aus dem Urknall entstanden ist und wie es sich seither entwickelt hat. Obwohl noch einige Fragen offen blieben, haben wir über die Eigenschaften des Universums schon einiges erfahren. Nehmen wir dies als Grundlage, können wir eine Antwort auf die Frage finden: Wo befinden wir uns im Universum? Dabei haben unsere Ahnen schon zwei Hypothesen geliefert, die wir definitiv ausschließen können.

Die Erde befindet sich zum einen nicht im Zentrum des Universums, zum anderen finden wir dort auch nicht unsere Sonne, um die sich die Erde kreist. Wo befinden wir uns also dann? Das Wichtigste zuerst: Wir befinden uns innerhalb des Universums. Das ist insbesondere deshalb wichtig, da es außerhalb des Universums „nichts“ gibt. Nichts bedeutet in diesem Fall wirklich nichts: Keine Materie, kein Raum, keine Zeit. Nun müssen wir in sich noch einmal differenzieren. Wir haben bereits vom beobachtbaren und nicht beobachtbaren Universum gehört. Zur Erinnerung: Aus dem Teil des Universums, den wir nicht beobachten können, dringt kein Licht mehr zu uns. Zweifelsohne können wir das Universum um uns herum gut sehen und erforschen, somit sind wir Teil des beobachtbaren Universums. So weit, so selbstverständlich.

Jetzt wird es aber etwas kniffliger. Aufgrund von Simulation und Beobachtungen ist sich die Wissenschaft sicher, dass das Universum wie eine Bienenwabe aufgebaut es. Es gibt Strukturen, also Ansammlungen von Materie (sog. Filamente) und Lücken (sog. Voids), in denen wir keine Materie finden. Bei dieser Aussage gilt das zu beachten, was wir in den vorherigen Kapiteln bereits erfahren haben: Selbst in diesen Voids ist das Universum nicht leer oder gar ein Vakuum – es ist lediglich frei von (sichtbarer) Materie. Die Filamente sind in einer Form angeordnet, die Schnüren oder Fäden ähneln. Innerhalb dieser Strukturen finden wir die konkreten Materieansammlungen des Universums wie

Galaxien. Die Filamente verbinden Galaxienhaufen, also Anhäufungen von mehreren tausend Galaxien, sowie Superhaufen, die wiederum eine Anhäufung zahlreicher Galaxienhaufen darstellen und sich gut beobachten lassen. Und genau in einem dieser Filamente befindet sich die Erde. Aber von einer genauen Lokalisierung sind wir noch weit entfernt. Denn unser „kosmischer Materiefaden" hat gigantische Ausmaße. In unserem Filament befinden sich nach heutigem Kenntnisstand die Lokale Gruppe (der Galaxienhaufen, zu dem auch die Milchstraße gehört), andere Galaxienhaufen, das Zentrum des Virgo-, des Coma-, und dem Leo-Superhaufens. Diese Ausmaße sind riesig und das Filament soll eine Ausdehnung von bis zu 400 Millionen Lichtjahren haben. Einer der genannten Materieansammlungen kommt eine besondere Bedeutung bei: Dem Virgo-Superhaufen. Er beinhaltet den Virgo-Galaxiehaufen, der das Zentrum der Gravitation in diesem Bereich bildet, von dem der Superhaufen seinen Namen erhielt. Insgesamt soll der Virgo-Superhaufen 100 bis 200 Galaxienhaufen besitzen.

Und einer davon ist die bereits erwähnte Lokale Gruppe. Langsam aber sicher kommen wir dem Ziel näher. In der Lokalen Gruppe befindet sich die Milchstraße und somit unsere Heimatgalaxie. Innerhalb dieser Gruppe befindet sich auch unser direkter Nachbar, die Andromedagalaxie, sowie viele kleine Zwerggalaxien. Laut einer Computersimulation sollen das bis zu 800 einzelne, kleine Galaxien sein. Grundsätzlich werden alle Galaxien und Objekte innerhalb eines Radius von fünf bis acht Millionen Lichtjahren zur Lokalen Gruppe gezählt. Für uns entscheidend ist jedoch die Milchstraße und somit diejenige Galaxie, zu der auch das Sonnensystem mit der Erde gezählt wird. Der Name rührt daher, dass wir unsere Galaxie beobachten können und sie wie ein milchiger Streifen im Nachthimmel erscheint. Die Beobachtung ist sogar mit bloßem Auge möglich, sodass diese optische Abweichung bereits den Gelehrten der Antike aufgefallen ist. Den Denkern von damals war jedoch die Bedeutung als Galaxie selbstverständlich nicht bewusst. Allzu leicht ist diese Feststellung auch nicht zu machen: Einzelsterne sind im so genannten Band der Milchstraße nicht erkennbar.

Außerdem befinden wir uns selbst mittendrin. Deshalb ist die Beobachtung der Struktur der Milchstraße für Astronomen erschwert. Es ist praktisch so, als wollten wir auf das Dach eines Hauses schauen, uns aber gleichzeitig genau in diesem Haus befinden. Zusätzlich wird das einfallende Licht von interstellarem Staub absorbiert, was die Beobachtung erschwert. Daher rührt auch das milchige Erscheinungsbild. Und daraus resultiert die Tatsache, dass die Milchstraße vergleichsweise schlecht erforscht ist. Andere und weiter entfernte Galaxien lassen sich weitaus leichter beobachten und analysieren, da ihre Gesamtstruktur sichtbar und beobachtbar ist. Deshalb basieren Theorien zur Milchstraße oft auf Vermutungen, so zum

Beispiel, wenn es um die gesamte Masse geht. So wird die gesamte Zahl aller Sterne in der Milchstraße mal mit etwa 100 Milliarden Sternen, mal mit 300 Milliarden wiedergegeben. Außerdem sollen die Zwischenräume mit interstellarer Materie und der hypothetischen Dunklen Materie gefüllt sein. Es wird vermutet, dass die Milchstraße außerdem sehr massereich ist. Die Gesamtmasse wird auf 1500 Milliarden Sonnenmassen geschätzt. Die direkte Nachbargalaxie – die Andromedagalaxie – soll nur eine Masse von 800 Milliarden Sonnenmassen aufweisen. Das war in der Forschung nicht immer so. Für eine lange Zeit galt die Andromedagalaxie als massereicher als die Milchstraße.

Einer der Sterne der Milchstraße ist unsere Sonne. Sie umkreist das Zentrum der Galaxie in einer geschätzten Entfernung von 25.000 bis 28.000 Lichtjahren mit einer vermuteten Geschwindigkeit von etwa 220 km/s. Eine Umrundung des Zentrums der Milchstraße dauert etwa 225 bis 250 Millionen Jahre. Unser Sonnensystem befindet sich im so genannten Orion-Arm innerhalb einer Anordnung, die als Lokale Blase bekannt ist. Unsere Sonne teilt sich diese Blase mit den Sternen Antares und Beta Canis Majoris. Hier herrschen besondere Umstände bezüglich der Masse. Die Lokale Blase ist weitestgehend staubfrei. Innerhalb dieser Blase befindet sich das Sonnensystem in einem weiteren in sich abgegrenzten Gebiet, der Lokalen Flocke. Diese Flocke besteht aus interstellarer Materie und wird gerade von dem Sonnensystem während der Umrundung des Zentrums der

Milchstraße durchwandert. Bei der Lokalen Flocke sind wir längst im Mikrokosmos des Universums angelangt. Und langsam nähern wir uns bekannten Gefilden: Dem Rand des Sonnensystems. Noch einmal zur Erinnerung: Dieser Rand wird dort verortet, wo die Gravitationskräfte der Sonne nicht mehr wirken. Und obwohl wir uns der Erde beachtlich angenähert haben, bleibt es nicht weniger mysteriös. Auf unserem Weg im Universum von innen nach außen passieren wir nach dem Rand des Sonnensystems die Oortschen Wolken, eine große Ansammlung astronomischer Objekte gleich im „Eingangsbereich" des Sonnensystems. Oder etwa doch nicht? Ob die Oortsche Wolke tatsächlich existiert oder nicht, können Astronomen bis heute nicht beantworten. Ihre Existenz ist somit hypothetisch. Wie zwei Schalen soll diese Wolke das Sonnensystem umfassen. Die Idee für dieses Modell wurde vom niederländischen Astronomen Jan Hendrik Oort vorgebracht. Oort sah in dieser Wolke den Ursprungsort von Kometen. Vorher wurde angenommen, dass Kometen aus den bekannten Bereichen unseres Sonnensystems stammen. Dies wurde jedoch von Oort angezweifelt, da die Kometen durch die Einwirkung starker Sonnenwinde längst hätten zerstört werden müssen. Die Oortsche Wolke soll nach der Theorie des Forschers in einem Abstand von 1,6 Lichtjahren von der Sonne zu finden sein. Im Sonnensystem ist das eine beachtliche Entfernung und weit weg von dem nächsten Planeten, dem Neptun. Die Wolke soll aus einer unübersichtlichen Anzahl von Gesteins- und Eisobjekten, aber auch Staub, bestehen.

Diese Objekte sollen von den Gravitationsfeldern der nächsten Sterne irritiert und in das innere Sonnensystem abgelenkt werden. Dass die Kometen ausschließlich aus der angenommenen Oortschen Wolke stammen, kann jedoch nicht der Fall sein: Sie könnten ebenso aus dem Kuipergürtel stammen. Diese Theorie hat den Vorteil, dass die Existenz des Kuipergürtels bewiesen ist. Innerhalb dieses ringförmigen und flachen Gürtels bewegt sich beispielsweise der Zwergplanet Pluto, der zu den „Großen Kuipergürtel Objekten" gezählt wird. Insgesamt sind acht solcher Objekte, deren Durchmesser über und nahe bei 1000 Kilometern liegt, bekannt; Pluto, der einst als eigenständiger Planet definiert wurde, ist das größte dieser Objekte. Des Weiteren soll es eine Vielzahl kleiner Objekte in diesem Gürtel geben. Es wird jedoch geschätzt, dass knapp 70.000 dieser Objekte einen Durchmesser von etwa 100 Kilometer besitzen. Passieren wir diese Grenze im Sonnensystem, gelangen wir in einen Bereich, an dem wir uns gleich heimischer fühlen. Wir gelangen zunächst ins Äußere Sonnensystem mit den Planeten Neptun, Uranus, Jupiter und Saturn und anschließend ins Innere Sonnensystem mit Mars, Venus, Merkur und natürlich unserer Erde.

Diesen Nachbarn widmen wir uns jedoch später ausführlich. Schließlich lässt sich an den Eigenschaften unser Nachbarplaneten erahnen, was uns möglicherweise im gesamten Universum erwarten könnte, wenn wir ferne Galaxien nicht mehr nur beobachten könnten, sondern auch bereisen. So schön diese Vorstellung auch sein mag ist das bereisen ferner Welten außerhalb unseres Sonnensystems jedoch bestenfalls Zukunftsmusik und das ist schon optimistisch ausgedrückt.

- Kapitel 8 -

Das Universum verstehen: Unser Sonnensystem

Soeben haben wir uns mit unserer Position im Universum beschäftigt. Dabei sind wir von innen nach außen gewandert, vom Rand des beobachtbaren Universums bis in unsere Nachbarschaft. In etwa so, wie bei einer interaktiven Karte, die wir immer weiter hinein zoomen. Wir sind auf dieser Reise bereits auf einige Geheimnisse gestoßen. Das gilt für die entfernten Bereiche, in denen Filamente die bestimmenden Strukturen sind, genau wie die unmittelbaren Grenzen unseres Sonnensystems, an denen sich die halbkugelförmige Oortsche Wolke befinden soll.

Wir stellen fest: Im Großen wie im Kleinen werden wir immer wieder mit hypothetischen Objekten und Theorien konfrontiert. Allen voran die Theorie der Dunklen Materie, deren Existenz nicht belegt ist, aber im Sinne der Physik da sein muss. Auch wenn viele Vorgänge im Universum gut beobachtbar und beschreibbar sind, sind die noch zu entschlüsselnden Rätsel allgegenwärtig. Immerhin ist unser Heimatplanet sehr gut erforscht – doch sicherlich nicht vollständig. Wir sind uns über die Bedingungen auf dem Mond besser im Klaren als über die Zustände, die in der Tiefsee herrschen. Diesen tiefsten Stellen der Ozeane kommt auch für Astronomen eine gewisse Bedeutung bei. Schließlich sind die dortigen Bedingungen vergleichbar mit den Tiefen des Weltraums: Es gibt kein Licht, es ist kalt und es herrscht ein gewaltiger Druck. Blicken wir also auf unsere Nachbarschaft und unseren Planeten selbst, können wir daraus einige Schlüsse ziehen, wie es in fernen Galaxien aussieht. Denn die Objekte in unserem Sonnensystem mit Gesteinsplaneten und Gasriesen sind sicherlich kein Einzelfall. Mit Ausnahme der Erde, versteht sich. Denn die Bedingungen auf unserem Planeten brachten Leben hervor und das ist bisher einzigartig.

Das Sonnensystem bietet jedoch eine Vielzahl von Abwechslungen und Geheimnissen, die es noch zu lösen gilt. Deshalb widmen wir uns nun den Planeten unseres Systems, die ebenso spannend wie rätselhaft sind. Und: Sie befinden sich in greifbarer Nähe, sind mit Sonden analysierbar und bei manchem Himmelskörper steht gar eine bemannte Mission als Thema im Raum. Generell ist man sich in Forscherkreisen einig, dass jeder Stern mindestens einen Planeten haben muss. In unserem Sonnensystem gibt es eine Vielzahl von Himmelskörpern, die unterschiedlicher gar nicht sein könnten. Glühende Wüstenplaneten, kalte Eismonde, unterirdische Ozeane, Seen aus kochendem Schwefel und Gasriesen mit einer gigantischen Masse. Ein Blick in unser Sonnensystem ist immer ein Blick in das Universum im Gesamten. Denn dort sammeln wir das Wissen, das wir auch auf die Milliarden anderer Planeten anwenden können. Wir müssen sie nur noch entdecken. Nehmen wir also zunächst die Planeten in unserem Heimatsystem genauer unter die Lupe. Und eines ist sicher: Unser Sonnensystem ist wie das Universum selber und birgt eine Vielzahl von Geheimnissen, die darauf warten, endlich gelöst zu werden.

DIE SONNE

Der Stern in unserem Sonnensystem bestimmt schlicht und ergreifend alles. Die Sonne ist wie ein Fusionsreaktor und produziert unaufhörlich Energie. Zum Vergleich: Pro Sekunde setzt die Sonne so viel Energie frei wie alle Atomkraftwerke der Erde in 750.000 Jahren. Diese Energie hat großen Einfluss auf alle Objekte im Sonnensystem. Sie ist (unter anderem) dafür zuständig, dass auf der Erde überhaupt Leben entstehen konnte – gleichzeitig hinterlässt sie alles tot und öde, besonders, wenn nicht wie bei unserer Erde ein Magnetfeld die einwirkenden, hochenergetischen Sonnenwinde ablenkt. Schauen wir uns die Eigenschaften der Sonne genauer an.

Die Sonnen ist ein Zwergstern. Allerdings täuscht die Bezeichnung ein wenig. Sie ist (im Vergleich zu anderen Sternen) ein mittelgroßer Stern. Dennoch ist sie für unsere Maßstäbe riesig: Die Sonne ist in etwa 110-mal so groß wie unsere Erde und die gesamte Masse 330.000-mal höher. Da wir uns über die Massenverhältnisse aller anderen Objekte im Sonnensystem sehr gut im Klaren sind, lässt sich errechnen, dass die Sonne 99,86 Prozent der Gesamtmasse im Sonnensystem ausmacht. Das erklärt auch die hohe gravitative Kraft, die von dem Stern ausgeht und die Planeten in ihrer Umlaufbahn hält.

Die Sonne besteht in erster Linie zu 92,1 Prozent aus Wasserstoff. Ein weiteres häufiges Element ist Helium, das etwa 7,8 Prozent der Zusammensetzung ausmacht. Somit finden wir gleich eine Parallele zur baryonischen Masse, die ähnlich strukturiert ist. Es gibt jedoch noch weitere Elemente, die in geringerem Maß zu finden sind. Die letzten 0,1 Prozent teilen sich Edelgase wie Neon, aber auch Stickstoff, Kohlenstoff und Sauerstoff.

Genauso wie die Erde besitzt die Sonnen einen heißen Kern. Dort herrschen ungemütliche Zustände. Die Temperatur beträgt 15,6 Millionen Grad Kelvin und auch der Druck ist mit 200 Milliarden Bar enorm. Zum Vergleich: Der Druck in einem Autoreifen beträgt 2,5 bar, in der Tiefsee erreicht er immerhin 400 bar. Das ist für irdische Verhältnisse hoch, jedoch mit den unvorstellbaren Verhältnissen im Kern der Sonne nicht vergleichbar, was die reinen Zahlen bereits auf deutliche Weise ausdrücken.

Betrachten wir die Sonne von innen nach außen, ist festzustellen, dass die Dichte immer weiter abnimmt. Letztendlich wird sie so gering, dass Photonen (also „Lichtteilchen“ bzw. die Sonnenstrahlung) ohne weitere Widerstände nach außen dringen können. Die Region mit abnehmender Dichte nennen wir Photosphäre und die ist maßgeblich dafür verantwortlich, wie wir die Sonne optisch wahrnehmen – als gleißendes, gelbes Objekt am Himmel. Welche Färbung das Sonnenlicht hat, ist jedoch von der

Position des Beobachters und den Umständen abhängig. Wird die Sonne vom Weltraum aus betrachtet, erscheint sie rein weiß. Dies lässt sich auch anhand der Fotografien von Astronauten belegen. Das Sonnenlicht auf der Mondoberfläche erscheint uns kalt und weiß, als würde sie von einer Neonröhre angestrahlt. Das liegt an der sehr schwachen Atmosphäre unseres Trabanten. Die Atmosphäre der Erde hat jedoch eine andere Zusammensetzung. Durch die Brechung des Sonnenlichtes an den Molekülen unserer Luft, die im Wesentlichen aus Stickstoff, Sauerstoff, Kohlendioxid und verschiedenen Edelgasen bestehen, wirkt das Licht der Sonne eher gelb als weiß. Dies kann je nach Sonnenstand bzw. Tageszeit variieren. Langwelliges Licht wird an den Luftmolekülen stärker gestreut. Deshalb erscheint uns die Farbe des Lichtes beim Sonnenauf- oder -untergang rot oder rötlich. Trifft kurzwelliges Licht auf die Moleküle der Erdatmosphäre, wirkt es auf uns bläulich. Dieser Umstand ist für die Blaufärbung des Himmels verantwortlich.

Die Sonne mit dem bloßen Auge zu beobachten, ist in den meisten Fälle keine gute Idee. Sie wirkt unangenehm hell und kann gesundheitliche Schäden an der Netzhaut verursachen. Dies wird deutlich, wenn wir eine Sonnenfinsternis beobachten. Wenn sich der Mond vor die Sonne schiebt, empfinden wir das Licht als milder. Dennoch birgt es dieselben Gefahren, wenn man die unverdeckte Sonne mit den bloßen Augen fixiert. Im Normalfall kommen wir gar nicht auf die Idee, direkt auf die Sonne zu blicken, da die immense Helligkeit als unangenehm und schmerzhaft empfunden wird. Ein kosmologisches Phänomen wie eine Sonnenfinsternis bildet jedoch einen visuellen Anreiz es zu versuchen. Deshalb werden vor solchen Ereignissen Warnungen ausgegeben, nicht direkt in die Sonne zu schauen und entsprechende Schutzbrillen zum Verkauf angeboten. Diese verhindern nicht nur einen Schaden durch direktes Licht, sondern auch durch ultraviolettes Licht und Infrarotstrahlung. Eine normale Sonnenbrille bringt da wenig; ihre abschirmende Wirkung reicht für die „Gewichtsklasse“ des Sonnenlichtes nicht aus. Eine Schutzbrille, die zum Schweißen verwendet wird, hat keinesfalls die Wirkung wie eine der speziellen Brillen zur Beobachtung einer Sonnenfinsternis und sollte daher niemals zum Betrachten der Sonne verwendet werden.

Die Sonne ist kein starres Objekt, das konsequent Licht abgibt. Sie ist also keine kosmische Glühbirne, die gleichmäßig strahlt, sondern ein hochenergetischer Himmelskörper. Die abgegebene Energie ist Schwankungen unterlegen, es gibt sogar regelrechte Ausbrüche. Die können wir an den so genannten Sonnenflecken feststellen, die bereits mit einem astronomischen Teleskop sehr gut beobachtbar sind. Der Begriff Sonnenfleck bezeichnet das, was es auch ist. Dunklere Flecken setzen sich gut sichtbar von dem Umfeld ab. Die dunklere Färbung entsteht durch eine verminderte Temperatur. Vergleichbar ist dies mit Vulkanausbrüchen auf der Erde und den daraus resultierenden Lavaströmen: Kälteres Magma ist dunkler als heißes. Sonnenflecken sind kühler und emittieren somit weniger Licht. Der Grund, warum die Oberfläche der Sonne mancherorts kühler ist, resultiert aus dem Magnetfeld. Zeitlich und örtlich begrenzte Magnetfelder hindern den Wärmetransport aus dem Inneren des Sterns an die Oberfläche. Beobachten wir einen solchen Sonnenfleck wirkt er – ähnlich wie bei kühlerem Gestein bei der erwähnten Lava – sogar fast schwarz. „Schwarz" im eigentlichen Sinne ist er jedoch nicht. Es ist immer noch reichlich Aktivität vorhanden. Sonnenflecken wirken nur deshalb so verdunkelt, da sie für das menschliche Auge in Relation zu dem extrem hellen Umfeld schwarz erscheinen. Im Großen und Ganzen ist dort die Quote des ausgestrahlten Lichtes um etwa 70 Prozent reduziert, aber nicht vollständig „auf Eis gelegt". Auch die Temperaturen sind unterschiedlich: Während der herkömmliche Bereich der Sonne in etwa eine Temperatur von circa 5770 Grad Kelvin besitzt, sind es im Kern eines solchen Sonnenflecks „nur" rund 4270 Grad Kelvin. Sonnenflecken sind ein Phänomen, das sich häufig beobachten lässt, aber relativ geringe Flächen einnimmt. Laut der Wissenschaft machen Sonnenflecken lediglich einen prozentualen Anteil von maximal 0,4 Prozent der gesamten Oberfläche der Sonne aus. Bedeutend sind sie trotzdem. Denn aus einem Sonnenfleck kann ein so genannter koronaler Massenauswurf resultieren, also ein unkontrolliertes

Herausschleudern von hochenergetischer Sonnenmasse. Ein solcher Massenauswurf kann entstehen, wenn das Magnetfeld, das für die Entstehung eines Sonnenflecks verantwortlich ist, plötzlich zusammenbricht. Diese Massenauswürfe werden auch Flares genannt. Bei diesen explosionsartigen Ausstößen wird eine gewaltige Menge Plasma ausgestoßen. Dieses Plasma besteht in erster Linie aus Protonen und Elektronen. Aber auch die Atomkerne schwererer Elemente wie Sauerstoff oder Eisen sind in geringerem Maße Teil dieses Auswurfs. Für uns Menschen wird das Leben auf der Erde von solchen Flares meist nicht beeinflusst. Das liegt daran, dass ein solcher Auswurf selten in Richtung Erde ausgestoßen wird. Ist dies jedoch der Fall, sind die Auswirkungen sehr wohl spürbar – und sogar zu beobachten. Diese Ereignisse werden auch Sonnensturm genannt. Die erhöhte Sonnenaktivität können wir aus der Zunahme der Häufigkeit von Polarlichtern leicht mit dem bloßen Auge feststellen. Denn der Sonnensturm stört das Magnetfeld der Erde. Je nach Intensität können auch Schäden entstehen, zum Beispiel an den Satelliten, die im Orbit der Erde kreisen. Auch eine Störung von Rundfunksendungen ist möglich. Der größte jemals verzeichnete Sonnensturm trat im Jahr 1859 auf und wird nach Wissenschaftler Richard Christopher Carrington auch als Carrington-Ereignis bezeichnet. Der Sturm führte unter anderem zu niemals dagewesenen optischen Erscheinungen: Polarlichter, die unter normalen Umständen eher in nördlichen Breiten anzutreffen sind, konnten in Rom oder auf Hawaii beobachtet werden. Aber der Carrington-Sturm hatte auch katastrophale Auswirkung auf die damalige Kommunikationstechnik. In Nordamerika fingen die Empfänger von Telegrafenleitungen Feuer: Die Drähte darin wurden derart elektrisch aufgeladen, dass die Papierstreifen, auf denen die telegrafierte Nachricht zu sehen sein sollte, in Flammen aufgingen. Da die damalige Technik weniger auf Elektrik beruhte als es heute der Fall ist, ging es damals glimpflich aus. Heute hätte ein solcher Sonnensturm der Superlative verheerende Auswirkungen auf die Erde. Wie erwähnt finden Flares und daraus resultierende Sonnenstürme häufiger statt. Allerdings treffen die wenigsten auf die Erde. Durchschnittlich trifft nur alle 500 Jahre ein solcher Sturm die Erde. Dies konnten Forscher anhand der Auswertung von Eiskernbohrungen herausfinden. Im Jahre 2014 gaben die Wissenschaftler der NASA bekannt, das zwei Jahre zuvor, also 2012, ein solcher Sturm knapp die Erde verfehlte. Dieses Ereignis hatte die gleiche Intensität wie das Carrington-Ereignis von 1859.

DER MERKUR

Wandern wir von der Sonne aus in Richtung des Randes des Sonnensystems, kommen wir ganz zwangsläufig zuerst zum Merkur. Der kleine, felsige Planet ist der hochexplosiven Kraft der Sonne und deren Ausbrüchen und Sonnenwinden praktisch schutzlos ausgeliefert. Eine Atmosphäre gibt es nicht, zumindest nicht so, wie wir sie von der Erde kennen. Ähnlich wie der Mond unseres Planeten, ist die Atmosphäre sehr dünn, so dünn, dass es fast einem Vakuum gleicht. Lediglich Wasserstoff und Helium sind in größerer Menge vorhanden, die vermutlich nicht vom Merkur selber, sondern vom Sonnenwind stammen. Die Oberfläche selbst setzt Sauerstoff, Kalium- und Natriumgas frei. Dabei müssen wir uns vor Augen halten, dass diese Elemente in sehr geringer Zahl in der Atmosphäre verteilt sind. Im Gesamten wiegt die komplette Masse der Atmosphäre des Merkurs nur etwa eine Tonne. Außerdem ist die Atmosphäre sehr flüchtig. Durch die hohen Temperaturen – bedingt durch die Nähe zur Sonne – und die geringe Masse des Merkurs selber (er besitzt nur etwa die 0,055-fache Erdmasse), verflüchtigt sich die Atmosphäre schnell ins All. Es ist somit ein permanenter Austausch.

Der Merkur, der einen Durchmesser von 4.878 Kilometern hat, ist durch seine Atmosphäre kaum geschützt. Trotzdem besitzt er ein schwaches Magnetfeld, das etwa nur fünf Prozent des Volumens der Magnetosphäre der Erde ausmacht. Sein Magnetfeld hat etwa die Stärke von einem Prozent des Erdmagnetfeldes. Somit ist der Merkur vor äußeren Umständen kaum – oder besser gesagt gar nicht – geschützt. Auf seiner Oberfläche gibt es die größten Temperaturschwankungen in unserem Sonnensystem. Während es bei Sonneneinstrahlung bis zu 430 Grad Celsius heiß werden kann, gibt es Bereiche, in denen ewige Nacht herrscht. Dort ist es mit bis zu minus 170 Grad Celsius extrem kalt. Dass dort solche unwirtlichen Temperaturen herrschen, liegt zum einen an der Nähe zur Sonne und zum anderen an der fehlenden Atmosphäre, die für einen gewissen Grad an Temperaturausgleich sorgen würde, so wie es auf der Erde der Fall ist. Die Gravitation auf dem Merkur ist ebenfalls sehr gering, was der geringen Masse des Planeten geschuldet ist. Die Anziehungskräfte könnten eine Atmosphäre nicht dauerhaft binden. Es gibt Anzeichen, dass das niemals der Fall war. Auf der Oberfläche finden sich keine Hinweise für Erosion durch Wind oder Wasser. Auf einem der anderen Planetennachbarn der Erde, dem Mars, können wir solche Erosion feststellen.

Während die sonnenexponierte Merkurseite generell einer Wüste, die von abertausenden Meteoriteneinschlägen vernarbt ist, gleicht, sind für die Wissenschaft die kalten Polregionen interessanter. Dort liegen Krater durch die Neigung der Achse des Merkurs im ewigen Schatten. Es wäre sogar möglich, dass dort Wassereis lagert, das die Jahre überdauert hat. Das könnten Meteoriten auf den Merkur gebracht haben. Dass es selbst vom Merkur stammt, ist praktisch aufgrund der vorherrschenden Bedingungen unmöglich. In der Theorie könnten organische Moleküle dort eingelagert sein. Tatsächlich bestätigten die Messergebnisse der Sonde Messenger, die 2004 von der NASA ins All geschossen wurde, um den Merkur zu erforschen, dass Wassereis in den eben genannten Kratersenken vorhanden sein könnte. Das war für die Wissenschaft eine Sensation. Denn sollte die Existenz von Wasser in gefrorener Form an einem derart unwirtlichen Ort wie dem Merkur möglich sein, lässt das Rückschlüsse auf Planeten im ganzen Universum zu – zumindest vereinfacht ausgedrückt. Das ist deshalb spannend, da Planeten wie der Merkur durchaus häufig anzutreffen sind. Es ist nicht nur ein Sensationsfund, dass auf dem Merkur überhaupt Wasser gefunden wurde. Es ist auch besonders, wie viel Eis dort lagert. Bis zu mehreren Metern Dicke können die Eisflächen erreichen. Insgesamt könnten an der nördlichen Polregion bis zu 1.000 Milliarden Tonnen Wassereis lagern. Zum Vergleich: Auf der Erde sollen 1.386 Trillionen Liter Wasser existieren. Natürlich hinkt der Vergleich, denn auf der Erde herrschen zum Glück völlig andere Bedingungen. Dennoch ist diese Menge des Wassers auf dem Merkur für den eigentlich unscheinbaren Planeten erstaunlich hoch. Diese Erkenntnis wurde bis vor wenigen

Jahren nicht einmal als Theorie in Erwägung gezogen, zumindest nicht von seriösen Wissenschaftlern. Der Merkur kam aufgrund der Sonnennähe und der daraus resultierenden Gluthitze auf der Planetenoberfläche niemals in die nähere Auswahl als ein Kandidat für ein Vorkommen von Wasser.

Der Merkur gleicht von der äußeren Erscheinung eher dem Mond als der Erde. Im Inneren ist dies jedoch ein wenig anders. Denn für die Tatsache, dass im Kern des Merkurs Aktivität herrscht oder einmal herrschte, spricht das Vorhandensein eines – wenn auch schwachen – Magnetfeldes.

Aufgrund der Nähe zur Sonne ist der Merkur deren Wechselwirkung ausgesetzt. Aber im Sonnensystem gibt es weitere massereiche Objekte, die an dem kleinen Gesteinsplaneten zerren. Der Jupiter zieht den Merkur an und könnte sogar für dessen Untergang verantwortlich sein. Der Gasriese könnte Merkurs Umlaufbahn auseinanderziehen, so dass die Rotation um die Sonne immer größer wird. So groß, dass die Umlaufbahn des Merkurs irgendwann die der Venus kreuzt. Das haben Forscher der University of California in einer Computersimulation festgestellt. Sollte dies geschehen, besteht die große Gefahr einer Kollision der beiden Planeten. Außerdem sind die folgenden Szenarien denkbar:

- Der Merkur schlägt auf der Sonne ein.

- Er wird aus dem Sonnensystem geschleudert.
- Er kollidiert gar mit der Erde.

Dies ist jedoch kein Grund für Beunruhigungen, schließlich arbeitet das Universum sehr gemächlich. Sollte einer der zuvor genannten Fälle eintreten, vergehen noch Milliarden von Jahren. Der wahrscheinlichste Fall ist jedoch – die Wissenschaft spricht hier von einer 99-prozentigen Chance – dass die Sonne dem Merkur bereits vorher ein Ende bereitet. In etwa 7,6 Milliarden Jahren ist der Lebenszyklus für unseren Stern vorbei. Sie wird sich dann zum Roten Riesen aufblähen und den kleinen Merkur einfach verschlucken. Gleiches Schicksal droht auch der Erde. Aber bis dahin ist zum Glück noch etwas Zeit.

Den Planeten Merkur können wir von der Erde aus beobachten, wenn auch nur kurz. Während seiner Umkreisung der Sonne flitzt er förmlich vor ihr her. Das ist auch der Grund, weshalb ihn schon die Gelehrten aus dem alten Rom mit dem Götterboten Hermes gleichsetzten und auf den Namen Mercurius tauften. Aus dieser Mythologie rührt nämlich der Name des sonnennächsten Planeten. Schnell ist er allemal: Mit einer Orbitalgeschwindigkeit von 47,36 km/s ist er der schnellste Planet unseres Sonnensystems. Der Merkur schafft die vollständige Umrundung der Sonne in etwas weniger als 88 Erdentagen. Übrigens: Der Merkur gilt in seiner Definition als erdähnlicher Planet. Auch wenn der von Einschlagskratern übersäte Merkur eher unserem Mond ähnelt. Das liegt daran, weil die Zusammensetzung des Planeten eher mit dem unserer Erde vergleichbar ist, als es mit einem Gasriesen möglich wäre. Aus unserer Erfahrung aus Science-Fiction-Filmen glauben wir bei der Verwendung des Begriffes „erdähnlich" gleich eine „zweite Erde" zu vermuten. Betrachten wir den Merkur, merken wir jedoch schnell, dass sich die beiden Planeten deutlich unterscheiden. Abgesehen von seinem Wasservorkommen in Form von festem Eis, haben Merkur und Erde wenig gemein. Dennoch verbindet die beiden mehr, als es augenscheinlich der Fall ist. Eine Eigenschaft teilen die Planeten jedoch nicht: Der Merkur hat keinen Mond. Damit ist er ziemlich alleine in unserem Sonnensystem. Trabanten gibt es eine Menge. Stattdessen gibt es eine Theorie, dass der Merkur vor Milliarden Jahren einmal selbst ein Begleiter war. Und zwar der der Venus, die ebenfalls ohne Mond auskommen muss.

DIE VENUS

Während wir mit dem Merkur den nächsten Planeten zur Sonne kennengelernt haben, erreichen wir auf unserem Weg durch das Sonnensystem mit der Venus den Planeten, der der Erde am nächsten ist. Nur 38 Millionen Kilometer sind die Bahnen unseres Heimatplaneten und der Venus voneinander entfernt – in den Maßstäben des Universums ist das nur ein Katzensprung. Und auch in anderer Hinsicht bricht die Venus einen Rekord: Sie ist von den „Sternen“ am Himmelszelt der Hellste und wird auch Morgen- und Abendstern genannt. Aber wie wir wissen, ist die Bezeichnung nicht korrekt und gilt nur im umgangssprachlichen Kontext: Wie alle Planeten, die wir leuchtend am Himmel wahrnehmen, strahlt die Venus nicht selber, sondern reflektiert das Licht der Sonne.

Auch wenn die Venus uns am nächsten steht und sehr gut sichtbar ist, trennt uns vieles von unserer Nachbarin. Vieles auf der Venus scheint genau umgekehrt zu verlaufen und viele physikalische Eigenschaften wirken fremdartig. Dieser Eindruck fängt schon bei der Eigenrotation des zweitinnersten Planeten im Sonnensystem an. Die Venus dreht sich praktisch rückwärts und verhält sich genau umgekehrt wie die Eigenbewegung unserer Erde. Diesen Effekt nennt man retrograde – also rückläufige – Rotation. Das hat zur Folge, dass auf der Venus die Sonne im Westen aufgeht und im Osten untergeht. Sonnenauf- und -untergang selbst sind nicht mit den gewohnten Abläufen auf unserem Planeten vergleichbar. Denn die Rotation der Venus ist außergewöhnlich langsam. Ein Tag auf der Venus dauert fast 117 Erdentage. Über die exakte Ursache, warum sich der Planet, der übrigens der drittkleinste des Systems ist, so gemächlich und retrograd um die Sonne dreht, streitet sich die Wissenschaft. Denn „normal" ist dieser Zustand nicht. Von den großen Planeten ist dieses Phänomen nur beim Uranus zu beobachten. Während die Rückläufigkeit der Eigendrehung bei der Venus bestimmend ist, ist sie beim großen Eisplaneten Uranus jedoch kaum sichtbar. Astronomen sind sich sicher, dass die retrograde Bewegung nicht aus „eigenem Antrieb" heraus entstanden ist. Vielmehr wird vermutet, dass vor Millionen von Jahren ein Meteorit von beachtlicher Größe auf der Venus eingeschlagen ist, den Planeten in seiner natürlichen Rotation gestört hat und für die Verlangsamung verantwortlich ist. Ein bedeutender Faktor könnte auch der kleine, benachbarte Merkur spielen. Wie wir erfahren haben, gibt es die Theorie, dass der Merkur ein ehemaliger Mond der Venus sein könnten. Der kleine jetzige Planet Merkur könnte durch seine Rotation und Gezeitenwirkung auf die Venus deren Bewegungsgeschwindigkeit stark abgebremst und sogar zu der rückläufigen Bewegung geführt haben.

In ihrem inneren Aufbau gibt es zwischen Venus und Erde eine Vielzahl von Parallelen. Die beiden Planeten sind in etwa gleich groß, wenngleich die Venus ein wenig kleiner ist. Auch in ihrer Dichte und Masse finden wir deutlich ausgeprägte Ähnlichkeiten. Die Venus besitzt eine Dichte von 5,24 g/cm^3; die Erde von 5,52 g/cm^3. Die Größe der Oberfläche der Venus entspricht in etwa 90 Prozent der Oberfläche der Erde. Deshalb werden Venus und Erde gelegentlich auch als „Schwestern" oder „Zwillinge" bezeichnet. Generell gilt die Venus als „erdähnlich", diese Bezeichnung trifft wie bereits beschrieben aber auch auf den Merkur zu – denn alle drei Himmelskörper sind Gesteinsplaneten. Im inneren Aufbau ähnelt der Planet dem Kern der Erde. Ebenfalls besitzt die Venus einen Eisen-Nickel-Kern. Frappierende Unterschiede bestehen bei der Stärke des Magnetfeldes. Das magnetische Feld der Venus ist kaum ausgeprägt; im Vergleich zur Erde ist es sehr schwach. Verantwortlich soll dafür die geringe Eigenrotation sein. Dadurch fehlt der so genannte Dynamo-Effekt. Außerdem soll hierbei die Wechselwirkung mit dem möglichen Ex-Mond Merkur eine Rolle spielen.

So vergleichbar die „inneren Werte" auch sein mögen: Die Zustände an der Oberfläche der Venus würden kaum einen Vergleich mit denen an der Erdoberfläche zulassen. Der Planet besitzt eine dichte Atmosphäre, deren Hauptbestandteil Kohlenwasserstoff (etwa 96,5 Prozent) ist. Die Atmosphäre ist durchgehend undurchsichtig und aufgrund dieser Eigenschaft ist die Venus ein Unikat unter den Planeten des Sonnensystems. Zwar herrschen auf dem

Saturnmond Titan ähnliche Zustände, der gilt jedoch durch seinen Status als Trabant nicht als Planet. Verantwortlich für die Blickdichte ist jedoch nicht die Dichte und Masse der Atmosphäre. Vielmehr besteht eine dichte, abschirmende Wolkendecke mit hellbrauner Färbung. Der Rest der Atmosphäre der Venus besteht des Weiteren aus Stickstoff (etwa 3,5 Prozent) und – als Spuren – aus Schwefeldioxid, den Edelgasen Argon, Helium, Neon sowie Kohlenmonoxid und Wasser. Außerdem wurde eine dünne Ozonschicht festgestellt. Die Masse der Atmosphäre ist um ein Vielfaches größer als die der Erde. Deshalb herrschen an der Oberfläche enorme Druckverhältnisse. Die Masse der Atmosphäre ist etwa 90-mal größer als die der Erde. Deshalb herrscht auf der Oberfläche ein konstanter Druck. Zum Vergleich: Diesem Druckverhältnis wären wir ausgesetzt, wenn wir in einem Ozean etwa 900 Meter tief tauchen würden. Somit sind die Bedingungen an der Oberfläche der Venus alles andere als gemütlich. In circa 28 Kilometern Höhe herrscht ebenfalls ein gigantischer Druck. Knapp 90 Prozent der Gesamtmasse der Atmosphäre befindet sich in dieser Schicht. Von vorbeifliegenden Sonden wurden in dieser Wolkenschicht elektrische Impulse festgestellt. Das spricht für extrem häufige und heftige Blitze. Wenn wir die einzelnen Schichten der Atmosphäre in Bezug auf ihre Temperatur betrachten, herrschen massive Unterschiede. Innerhalb der Wolken wurden Temperaturen von bis zu minus 100 Grad Celsius gemessen. Je näher die Oberfläche rückt, desto heißer wird es. Trifft das Sonnenlicht auf die extrem dichte Wolkenschicht, erwärmen sich die darunterliegenden Schichten. Durch die Nähe zur Sonne begünstigt, sind die dortigen Temperaturen enorm: Die Spanne reicht von 437 Grad Celsius bis zu 497 Grad Celsius. Diese Gradzahlen resultieren aus einem Effekt, den wir von der Erde kennen: Dem Treibhauseffekt. Auf der Venus mit ihrer enorm dichten Wolkendecke und Atmosphäre ist dieser Effekt jedoch deutlich ausgeprägter.

Doch die Wolkendecke beeinflusst nicht nur die Temperatur. Auf der Oberfläche der Venus ist es nicht nur extrem heiß, sondern auch extrem dunkel. Die dichte Wolkendecke lässt nur etwa zwei Prozent des einfallenden Sonnenlichtes zur Oberfläche durch. Forscher haben herausgefunden, dass die maximale Beleuchtungsstärke höchstens düstere 5.000 Lux beträgt. Das entspricht als Vergleich den Zuständen auf der Erde an einem stark bedeckten Tag im Winter zur Mittagszeit. Zur besseren Orientierung: An einem klaren Mittag im Sommer werden in Mitteleuropa Beleuchtungsstärken von 90.000 Lux registriert. Außerdem besteht eine maximale Sichtweite von etwa drei Kilometern an einem trüben Venustag. In dieser heißen und düsteren Umgebung wurden neben den Gewittern samt reger Blitztätigkeit auch andere Wetterlagen registriert. So ist es auf der Venus windig. In der Nähe der Oberfläche wurden Windgeschwindigkeiten von bis zu 2 Metern pro Sekunde gemessen. Dies entspricht nach irdischen Verhältnissen der Windstärke 4, also einer mäßigen Brise, die an den Bäumen kleine Zweige in Bewegung bringt. Während der Wind auf der Oberfläche höchstens Staub bewegt, sind die Windgeschwindigkeiten in der Atmosphäre um ein Vielfaches stärker. Die Wolken der Venus fegen mit bis zu 400 km/h durch die „Luft". Wie dieser Effekt zustande kommt, ist der Wissenschaft bisher nicht hinreichend bekannt. Es scheint jedoch fest zu stehen, dass es einen Zusammenhang mit dem einfallenden Sonnenlicht geben muss, das diese Bewegung verursacht. Es wurde errechnet, dass Wolken in den obersten Schichten so bis zu 100 Meter pro Sekunde zurücklegen können. In nur vier Tagen haben sie die Venus einmal vollständig umkreist. Dieses Phänomen wird „Superrotation" genannt. Und die passt nicht so ganz zur eigentlich extrem langsam rotierenden Venus. Festgestellt wurde dieses Geheimnis von der Venus Express, einer Raumsonde der ESA.

Ein weiteres Rätsel stellt das Phänomen der Venuslichter dar. Bereits im Jahr 1689 wurde von dem italienischen Astronomen Giovanni Riccioli ein auffälliges Leuchten auf der Nachtseite des Planeten entdeckt. Riccioli war nicht der Einzige, der diese Beobachtung gemacht haben wollte. Bis heute wollen Astronomen diese Lichter gesehen haben. Leider war es bisher jedoch nicht möglich, dieses Venuslicht auf einem Foto festzuhalten. Vor knapp 20 Jahren wurde ein ähnliches Leuchten am Keck-Observatorium auf Hawaii registriert. Es war aber anderer Natur als das Leuchten, das Hobby- und Berufsastronomen beschreiben. In diesem Fall wurde von den amerikanischen Forschern ein schwaches, grünliches Licht festgestellt. Das Licht entsteht, wenn ultraviolette Strahlung der Sonne Kohlendioxid erhitzt, aufspaltet und sich die freigesetzten Atome wiederum zu Sauerstoffmolekülen zusammensetzen. Immerhin wurde so eine plausible Erklärung geliefert – jedoch nicht für die optische Erscheinung, die Riccioli und seine Nachfolger gesehen haben wollten. Denn das beschriebene grüne Licht ist viel zu schwach, um mit dem bloßen Auge oder einfachen Teleskopen sichtbar zu sein. Deshalb muss das Leuchten eine andere Ursache haben. Eine mögliche Erklärung könnten die vielen Blitze sein, die den Nachthimmel und die Wolkendecke der Venus erleuchten. Mangels eines fotografischen Beweises bleibt die Wissenschaft aber eine Erklärung schuldig.

Nicht nur wegen ihrer vielen Geheimnisse ist die Venus ein faszinierender und gleichzeitig enorm lebensfeindlicher Planet. Zumindest für Leben wie wir es kennen. Würden wir die Venus besuchen wollen, wäre ein Astronaut dem Tod geweiht. Und selbst wenn dem nicht so wäre und wir hätten modernste Schutzausrüstung, die uns vor der feindlichen Umwelt der Venus schützen könnte, würde die Oberfläche der Venus uns bizarr und befremdlich vorkommen. Durch die exorbitanten Temperaturen, die fast 500 Grad Celsius erreichen können, ist der Boden so heiß, dass er glüht. Das ist in diesem Fall keine Metapher: Er glüht tatsächlich. Für einen menschlichen Betrachter wäre dieses schwache Glühen aber nur dann mit dem bloßen Auge erkennbar, wenn es auf der Venus Nacht wäre. Mit ein wenig Fantasie lässt sich somit die Venusoberfläche wie ein schwach glühendes Meer vorstellen. Sie ist nämlich sanft und hügelig; schroffe Zerklüftungen sind kaum zu finden. Im Allgemeinen gibt es wenige Gebirge und nur geringe Unterschiede im Höhenniveau. Die Oberfläche der Venus ist weitaus „geschmeidiger" als die ihrer „Schwester", der Erde, und ist geprägt von weitläufigen Überflutungen durch Lava, die schließlich fast erkaltete. Das „fast" rührt daher, dass die hohe Umgebungstemperatur eine vollständige Erkaltung nicht zulässt. Unterteilungen im Relief der Venus lassen sich dennoch vornehmen. So hat die Venus Tiefebenen aber auch Hochland. Und natürlich gibt es auch echte Berge inklusive bedeckter Spitzen. Dieser Belag sieht aus wie ein schneebedeckter Berg auf der Erde. Aber dort auf der Venus sind sie weitaus weniger harmlos. Der „Schnee" besteht hier aus giftigem Bleisulfid und Bismutsulfid. Der Grund, warum auf der Venus überhaupt Gebirge entstehen konnten, ist unbekannt. Denn anders als auf der Erde gibt es hier keine plattentektonischen Verschiebungen. Dennoch wirken die Venusberge optisch wie die Gebirge der Erde und weisen hohe Ähnlichkeiten zu dem Himalaya oder den Anden auf. Und: Die Gebirgszüge der Venus sind einmalig im Sonnensystem. Auf keinem anderen Planeten finden sich vergleichbare geologische Strukturen. Kartografiert wurde die Venus unter anderem von der Sonde Pioneer-Venus 1.

Manche Täler und Plateaus wirken so, als wären sie einmal Ozeane gewesen. Wasser kann aber auf der Venus nicht bestehen. Die hohen Temperaturen lassen jedes Wasser sofort verdampfen. Immerhin macht Wasser einen gewissen Teil der Venusatmosphäre aus – dies jedoch zu einem enorm geringen Anteil. Aber immerhin wäre die Aussage, dass es auf der Venus überhaupt kein Wasser gäbe, falsch.

Des Weiteren wird das Aussehen der Venus von zahlreichen Einschlagskratern geprägt. Insgesamt wurden rund 963 solcher Krater gezählt und somit doppelt so viele wie auf der Erde. Der größte Krater von Meteoriteneinschlägen hat einen Durchmesser von 270 Kilometern. Dieser Krater wurde auf den Namen „Mead“ getauft. Es ist auffällig, dass es kaum kleine Einschlagskrater gibt. Die erwähnten 963 Krater besitzen alle einen Durchmesser von über einem Kilometer. Somit unterscheidet sich die Oberfläche der Venus von Objekten wie dem Mond. Dort finden sich deutlich kleinere Einschlagskrater. Der Grund dahinter ist die dichte Atmosphäre der Venus. Sie schützt die Venus vor kleineren Meteoriten. Um zur Oberfläche durchzudringen, muss ein Meteorit somit einiges an Masse mitbringen. Die kleineren Exemplare verursachen deshalb auch keinen großen Einschlag. Vielmehr führt die Restenergie lediglich zu einer Art von dunklem Fleck auf der Oberfläche.

Außer durch Einschläge von Meteoriten ist das Antlitz der Venus von vulkanischer Aktivität geprägt, also von ausströmender Lava. Auffällig bei diesen Lavafeldern ist, dass sie entstanden sind, bevor die meisten Meteoriten auf dem Planeten einschlugen. Es wird vermutet, dass das ursprüngliche Relief der Venus unter einer etwa drei Kilometer dicken Schicht von Magma liegt. Durch die Gleichmäßigkeit dieses „Überzuges“ entsteht der Eindruck, dass diese Magmaförderung sehr schnell vonstatten ging. Vulkane sind auf der Venus nicht selten: Wissenschaftler gehen davon aus, dass es auf der Venus in etwa so viele Vulkane gibt wie auf der Erde. Auf der Venus gibt es Gruppen von Vulkanen und echte Giganten. Der Vulkan Theia Mons hat zwar nur eine vergleichbar geringe Höhe von 4500 Metern, dafür schlägt sein Basisdurchmesser von 700 Kilometern alle Rekorde. Dieser Durchmesser übersteigt auch den des Olympus Mons, einem Berg auf dem Mars und mit 28 Kilometern Höhe der größte des Sonnensystems.

Wie wir also feststellen können, prägten Magma und Vulkane die Oberfläche der Venus. Und das gibt auch gleichzeitig ein großes Rätsel auf. Denn heute scheint die Venus aus geologischer Sicht betrachtet tot. Ob es überhaupt keine Aktivität mehr gibt, ist jedoch nicht vollständig geklärt. Anhand der Konzentration von Schwefeldioxid in der Atmosphäre wären zwei Schildvulkane potentielle Kandidaten für eine entsprechende Aktivität. Auch wurden Vulkane beobachtet, dessen Seiten bei der Radarabtastung als besonders dunkel erscheinen. Das könnte ein Zeichen für den Austritt frischer Lava sein. Aber auch hier rätseln die Wissenschaftler wie bei vielen anderen Charakteristika der Zwillingsschwester der Erde. Somit bleibt die Venus ein bizarrer, aber spannender Planet für Erkundungsreisen. Und außerdem beweist der Planet, dass die Geheimnisse des Universums direkt vor unserer Haustüre anfangen.

Der Mars

Auch wenn er nicht unser wirklich nächster Nachbar ist, zieht er die Menschheit seit Jahrhunderten und Jahrtausenden in seinen Bann: Der Mars. Der „Rote Planet“ war stets Gegenstand wilder Spekulationen. So gilt er in der Populärkultur als die Heimat der oft beschriebenen „kleinen, grünen Männchen“, die der Menschheit gegenüber mal mehr, mal weniger friedlich auftreten. Klassisch ist das Szenario der „Invasion vom Mars“, in dem fremdartige Wesen in fliegenden Untertassen Laserstrahlen abfeuern. Im Roman „Krieg der Welten“ zeichnete der Autor H.G. Wells zur Zeit der Veröffentlichung, die im Jahr 1901 stattfand, ein schreckliches Bild der Zerstörung des Vereinten Königreiches durch das Volk der „Marsianer“, die mit dreibeinigen Kampfrobotern Verwüstung stifteten. Wells´ Geschichte verfehlte nicht ihre Wirkung: Als „Krieg der Welten“ 1938 in den USA als Hörspiel ausgestrahlt wurde, nahmen viele Zuhörer die realistische Darstellung in Form einer Nachrichtensendung für bare Münze. Die Folge waren besorgte Anrufe bei der Radiostation und regelrechte Angst. So stand der rote Planet Mars zum ersten Mal in den Schlagzeilen.

Heute ist der Mars Gegenstand einer dichten Berichterstattung, die ganz ohne Fiktion auskommt. In der Wissenschaft ist er ein vielversprechender Kandidat für bemannte Missionen und die Suche nach den Spuren des Lebens. Im Gegensatz zu den anderen Planeten des inneren Sonnensystems – Merkur und Venus – liegt der Mars am Rande der habitablen Zone und ist somit weitaus weniger lebensfeindlich für uns Menschen. Mancher Wissenschaftler, aber auch Science-Fiction-Autoren sehen den Mars bereits als potentiellen Kandidaten für eine Besiedelung durch den Menschen. Dies ist im Moment natürlich nur Zukunftsmusik. Dennoch ist der Mars ein interessantes Forschungsobjekt mit einer Vielzahl von Geheimnissen und Rätseln.

Der Mars ist von den inneren Planeten des Sonnensystems der Äußerste. Er ist somit ein direkter Nachbar der Erde und die beiden Planeten verbinden viele Eigenschaften. Der Mars ist ebenfalls ein Gesteinsplanet und gilt somit wie Merkur und Venus als erdähnlich. Im Vergleich zu unserem Planeten ist der Mars jedoch etwas kleiner. Er ist nach dem Merkur der zweitkleinste Planet des Sonnensystems und ist mit einem Durchmesser von 6.800 Kilometern etwa halb so groß wie die Erde. Er besitzt dabei nur ein Zehntel der Erdenmasse und ist 1,5-mal weiter von der Sonne entfernt als wir.

Eine Eigenschaft, die die Astronomen schon vor Jahrhunderten beschäftigte, ist die intensive Rotfärbung des Mars, der ihm den Beinamen des „Roten Planeten“ einbrachte. Der gut zu beobachtende Planet verdankt seine

Färbung dem allgegenwärtigen Staub Eisenoxid, der sich überall auf der Oberfläche wie eine Schicht verteilt. Eisenoxid kennen wir von der Erde: Wir bezeichnen es umgangssprachlich aber meistens als Rost.

Da wir die Erde bei unserer Reise vom inneren zum äußeren Sonnensystem zunächst hinten anstellen, begegnen wir mit dem Mars erstmals einem Planeten mit Monden. Der rote Planet hat gleich zwei dieser Begleiter, die die Namen Phobos und Deimos tragen. Aus dem Griechischen übersetzt bedeuten die Bezeichnungen der Monde „Angst“ und „Schrecken“. Ob die beiden Trabanten diesen Namen wirklich verdient haben, ist leicht beantwortet: Nein, haben sie nicht. Auf den beiden Monden wartet kein Grauen auf uns. Die Namensgebung passt jedoch zum Mars, dessen Bezeichnung auf den gleichnamigen römischen Gott des Krieges zurückgeht. Die stammt wiederum von der blutroten Färbung der Marsoberfläche, die schon in früheren Jahrhunderten mit bloßem Auge sehr gut erkennbar war.

Der Mars ist Bestandteil vieler mythologischer Geschichten – aber auch in astronomischer Hinsicht ist der rote Planet voller Geheimnisse. Und dennoch ist er unserer Erde sehr ähnlich. Das fängt bereits beim Wechsel von Tag und Nacht an. Ein Marstag, der in der Fachwelt Sol genannt wird, dauert genau 24 Stunden und 37,4 Minuten. Ein Tag auf dem Mars ist also fast identisch mit einem Erdentag. Der Zeitraum, in dem der Mars einmal die Sonne umrundet, ist jedoch um ein Vielfaches länger als wir es von der Erde gewohnt sind. Ein Marsjahr dauert 687 Erdentage. Demzufolge sind auch die Jahreszeiten – und die gibt es ebenfalls auf dem Mars – deutlich länger und zwar fast doppelt so lang. Bei dieser Betrachtung spielt auch die sich verändernde Rotationsachse des Mars eine Rolle. Diese veränderte sich im Laufe der Jahrtausende. Somit können die Jahreszeiten mal länger und mal kürzer ausfallen. So wurde der Mars immer wieder Veränderungen im Klima unterworfen, die die Wissenschaft beispielsweise anhand der Erosion der Böden gut dokumentieren und nachvollziehen kann. Auch wenn sich die Jahreszeiten in ihrer Länge unterscheiden können, gibt es wiederkehrende Phänomene. Die Marsoberfläche reagiert auf die veränderten Jahreszeiten und das können wir gut beobachten. Im Sommer beginnt das Eis der Polkappen zu schmelzen. Der Dampf bildet schließlich Wolken, wie sie von der Erde bekannt sind. In der konkreten Entstehung von Erdwolken und Marswolken finden sich jedoch Unterschiede, die den anderen physikalischen Umständen geschuldet sind. Während auf der Erde flüssiges Wasser verdampft und Wolken bildet, findet dieser Prozess auf dem Mars verändert statt. Das feste Wasser an den Polen sublimiert. Es geht praktisch unmittelbar vom festen in den gasförmigen Zustand über. Denn durch die Atmosphäre des Mars kann flüssiges Wasser nur kurzzeitig bestehen.

Die Atmosphäre des Mars ist sehr dünn und hat wenig mit der Erdatmosphäre gemeinsam. Die Zusammensetzung wurde durch zahlreiche unbemannte Missionen zum Mars sehr gut analysiert. Der größte Teil der Atmosphäre besteht aus Kohlendioxid (95,97 Prozent). Mit etwa jeweils 1,9 Prozent sind Stickstoff und Argon nachweisbar. In sehr viel geringeren Konzentrationen konnten Sauerstoff sowie Kohlenmonoxid nachgewiesen werden. Als Spuren sind viele weitere Verbindungen wie Methan, Wasser und Ozon vorhanden. Das erwähnte Eisenoxid, also der Rost, der für die rote Farbe verantwortlich ist, ist auf dem Mars praktisch überall. So auch in der Atmosphäre. Das sorgt dafür, dass die „Marsluft" selbst gefärbt ist. Feinste Partikel führen zu einer bräunlich-rötlichen Färbung. Die Druckverhältnisse sind sehr niedrig. Auf der Oberfläche herrscht ein Druck wie es in der Atmosphäre der Erde in etwa 35 Kilometern Höhe der Fall ist. Im Vergleich zur Venus, auf deren Oberflächen ein massiver und ausgeprägter Druck herrscht, lassen sich gut die Unterschiede zwischen den Umweltbedingungen ähnlicher, aber doch kaum vergleichbarer Planeten erkennen.

Betrachten wir das Wetter des Mars, fällt gleich eine Vielzahl von Unterschieden ins Auge. Neben den erwähnten Wolken, die aus Wasserdampf an den Polkappen entstehen, wurden auch großflächige Wolkenformationen aus gefrorenem Kohlendioxid beobachtet. Dies bedeutet jedoch nicht zwangsläufig, dass der Mars ein vollends eisiger Planet ist. Im Sommer können in der Nähe des Äquators Temperaturen von 20 Grad Celsius gemessen werden. Diese Gradzahl klingt für uns schon relativ komfortabel, gerade im Vergleich zu den anderen Planetenoberflächen, die wir bereits kennengelernt haben. Diese 20 Grad stellen aber lediglich eine Temperaturspitze dar, die dann auftritt, wenn die Umstände günstig sind. Im Mittel ist es auf dem Mars sehr kalt. Durchschnittlich herrscht eine Temperatur von minus 63 Grad Celsius. An den eisigen Polkappen wurden gar Temperaturen von minus 152 Grad Celsius gemessen. Durch diese massiven Schwankungen, die von der jeweiligen Sonneneinstrahlung verursacht werden, entstehen morgens und abends teilweise recht starke Winde. Insbesondere im Frühjahr kann es zu heftigen Sandstürmen kommen. In diesem Rahmen können auch Wetterphänomene, die wir von der Erde kennen, wie beispielsweise kleinere Windhosen oder Tornados entstehen. Diese sind regional nicht begrenzt: Wenn es auf dem Mars stürmt, sind weite Teile der Oberfläche betroffen. Stürme auf der Erde sind dabei eher punktuell. Außerdem fallen sie durch die dichtere Atmosphäre auf unserem Planeten deutlich stärker auf. Selbst bei höheren Windgeschwindigkeiten werden auf dem Mars höchstens Staubpartikel aufgewirbelt. Diese Partikel verbleiben durch ihr niedriges Gewicht in Kombination mit den geringen gravitativen Kräften des Mars weitaus länger in der Atmosphäre. Außerdem fehlt auf dem Mars – wie auf der

Erde üblich – der Regen mit reinigender Funktion. Auch Blitzaktivität wurde registriert, insbesondere dann, wenn die Staubstürme besonders massiv ausfallen. Im Mikrowellenbereich registrierten Astronomen elektrische Entladungen, die typisch für Staubgewitter sind. Somit finden wir im Ansatz einige Parallelen zu irdischen Wetterlagen – wenn das fehlende Wasser nicht wäre.

Wie wir erfahren haben, ist der Grund, warum Wasser nicht langfristig auf der Marsoberfläche bestehen kann, die dünne Atmosphäre. Flüssiges Wasser würde bei den Temperaturen, die größtenteils im deutlichen Minus-Bereich angesiedelt sind, schlicht zunächst gefrieren und anschließend langsam, aber beständig verdampfen. Aber „nicht langfristig" bedeutet nun einmal nicht, dass wir flüssiges Wasser überhaupt nicht feststellen können. Unter der Kryosphäre, also der Gesamtheit des gefrorenen Wassers eines Planeten, vermuten Forscher sogar große Mengen flüssigen Wassers. Sensationell war hingegen der Fund der NASA-Sonde Phoenix, die selbst auf der Marsoberfläche winzigste Tröpfchen flüssigen Wassers registriert hat. Das Besondere: In diesen Tropfen sind Salze gelöst. Stark salzhaltiges Wasser gefriert erst bei sehr viel niedrigeren Temperaturen als Süßwasser. Je nach Konzentration kann das Wasser auch extreme Minusgrade aushalten, ohne den Aggregatzustand von flüssig zu fest zu wechseln. Der Effekt ist sogar zu Hause reproduzierbar. Vermischen wir Eiswürfel mit haushaltsüblichem Kochsalz, bleibt das Schmelzwasser selbst bei Temperaturen unter dem Nullpunkt in flüssiger Form erhalten.

So verhält es sich auch mit dem Wasser des Mars. Dort sprechen wir jedoch nicht von Kochsalz, sondern von Perchloraten. Diese Verbindungen bilden sich in der Atmosphäre, lagern sich im Staub ab und wirken so wie ein natürliches Frostschutzmittel. Dank dieser Salze konnte das flüssige Wasser selbst bei Temperaturen von minus 70 Grad Celsius bestehen. Das ist deshalb essentiell, da flüssiges Wasser als eine der Voraussetzungen von Leben gilt. Diese Perchlorate waren bereits bei der Entdeckung auf dem Mars keine unbekannten Stoffe. Sie existieren ebenfalls auf unserem Planeten.

Es besteht des Weiteren die Hypothese, dass sich unter der Marsoberfläche selbst flüssiges Wasser befinden könnte. Ein Beleg für diese Theorie finden die Wissenschaftler der Universität Münster an so genannten Erosionsrinnen an steilen Hängen der Marsoberfläche, die ausgetrockneten Flusstälern von der Erde ähneln. Im Laufe von drei Jahren hatten sich diese Rinnen verlängert und dünnten in der Länge aus. Das deutet auf eine Fließaktivität von flüssigem Wasser hin. Die Verdünnung am Ende der Rinnen lässt auf ein Verdunsten oder Versickern schließen. Es wäre denkbar, dass im Sediment des Mars ebenfalls flüssiges Wasser, das mit Perchlorat vermischt ist, vorhanden ist.

Fest steht, dass flüssiges Wasser auf dem roten Planeten nicht in Massen vorhanden ist. Bei gefrorenem Wasser sieht die Lage allerdings etwas anders aus. An der südlichen Polkappe wurden dicken Eisschichten festgestellt. Allerdings besteht dieses Eis nur zu einem vergleichsweise geringen Teil aus Wasser. Der Hauptbestandteil ist Kohlendioxid. Dennoch ist Wassereis nicht selten – bis in eine Tiefe von fast 4 Kilometern konnte Wassereis nachgewiesen werden. Würde dieses Eis geschmolzen, wäre der komplette Mars überflutet. Das ist natürlich aufgrund der atmosphärischen Verhältnisse nur in der Theorie möglich. Neben diesen Rinnen, die scheinbar neuerer Entstehungszeit sind, finden sich auf der Oberfläche eine Vielzahl von Stromtälern und Formationen, die einst Flussdeltas gewesen sein können. Das deutet darauf hin, dass die Bedingungen auf dem Mars einst andere waren. Die erwähnten Stromtäler lassen vermuten, dass es vor vergleichsweise kurzer Zeit (im Maßstab des Universums betrachtet) zu einem Auftreten gewaltiger Wassermassen gekommen sein muss. Dass es sich dabei tatsächlich um Wasser gehandelt hat oder um eine andere Flüssigkeit, ist noch nicht vollständig geklärt. Mit Sicherheit ist es jedoch auszuschließen, dass es heißes Magma war. Denn die Lava würde an der Oberfläche andere Spuren hinterlassen und auch nicht „verschwinden“. Ihre erkalteten Überreste wären auch heute noch sichtbar. Interessant sind auch die Strukturen, die wir als Flussdelta identifizieren können und die wir von der Erde beispielsweise vom Amazonas oder Nil kennen. Einfach ausgedrückt, mäandern diese Flüsse stark bevor sie in ein Meer oder einen See münden (anders ausgedrückt: Die Flüsse durchlaufen viele Schleifen oder Windungen in dichter Aufeinanderfolge). Das bedeutet für den Mars: Es müssen in der Marsfrühzeit sogar größere und beständige Wasserflächen vorhanden gewesen sein. Und diese Deltas sind auf der Marsoberfläche kein Einzelfall: Forscher konnten davon einige zählen. Flüsse und Seen waren also in der Vorzeit nichts Ungewöhnliches für den Mars. Vor Millionen von Jahren soll es gar Geysire gegeben haben, die kohlensäurehaltiges Wasser emporschossen.

Bei diesen Betrachtungen kommt zwangsläufig die Frage auf: Warum ist das nicht mehr so? Die Antwort lautet: Der Mars wurde Opfer einer großen Katastrophe. Aufgrund der Tatsache, dass Wasser in flüssiger und beständiger Form existierte, wird das Vorhandensein einer dichten Atmosphäre vorausgesetzt. Da diese heute nicht mehr existiert, gehen Forscher davon aus, dass der Mars seine Atmosphäre irgendwann verlor und er deshalb zu der wüstenähnlichen Einöde wurde, wie wir sie heute kennen. Jüngere Erkenntnisse lassen darauf schließen, dass die Sonne den Mars nachhaltig veränderte. Einst hatte der Planet ein warmes und nasses Klima mit einer dichten Atmosphäre aus Kohlendioxid. Des Weiteren war in früherer Zeit das Edelgas Argon in der Atmosphäre vorhanden. Trifft nun das UV-Licht der Sonne auf diese Teilchen, ionisiert es die Atome und die geladenen Partikel des Sonnenwindes ziehen praktisch das Gas mit in den Weltraum. Schritt für Schritt entschwand die Atmosphäre. Die einst dichte Atmosphäre aus Kohlendioxid verflüchtigte sich. So konnte der Treibhauseffekt, der den Mars warm und feucht hielt, nicht mehr funktionieren. Nach dem Entschwinden der Atmosphäre verdampfte ebenfalls das Wasser und hinterließ den Mars als kalten und öden Felsbrocken. Wissenschaftler blicken voller Interesse auf diese Zeit, als der Planet weitaus vitaler war, als er es heute ist. Denn schließlich könnten von dieser warm-feuchten Zeit noch Spuren übriggeblieben sein. Natürlich stellt sich die Frage, ob auch die Erde ein solch fatales Schicksal treffen könnte. Die Antwort lautet ja, aber bis dahin wird noch eine Menge Zeit vergehen. Denn anders als im Falle des Mars ist das Magnetfeld der Erde in der Lage, den Sonnenwind und somit auch dessen schädliche Wirkung abzuschirmen. Das Magnetfeld des Mars hingegen war zu schwach, um die Atmosphäre und somit den ganzen Planeten von dieser Wirkung der Sonne zu schützen.

Jenseits der Polkappen ist das Marsterrain eisfrei und ähnelt einer endlosen Wüste. Das konnten wir bereits anhand der Fotografien, die im Rahmen der Pathfinder-Mission angefertigt wurden, deutlich erkennen. Es gibt jedoch ein Hoch- und ein Tiefland. Ersteres ist geprägt von den Überbleibseln vulkanischer Aktivität, während die tieferen Regionen weitestgehend eben und größtenteils frei von

Kratern durch Meteoriteneinschläge sind. Laut einer gängigen Annahme war das nicht immer so. Es wird vermutet, dass in der Vorzeit ein großer Meteorit den Mars traf und so das ursprünglich vorhandene Relief sozusagen einebnete. Die Einteilung in Hoch- und Tiefebene ist jedoch etwas zu einfach. Das Erscheinungsbild des Mars ist vielfältiger. Durch den guten Erforschungsgrad der Marsoberfläche ist eine viel feinere Einteilung einzelner Zonen und den jeweiligen unterschiedlichen Bodenzusammensetzungen möglich.

Die Oberfläche des Mars ist von einer Vielzahl loser Steine übersät. Über die Zusammensetzung konnte die Forschung bereits einige Erkenntnisse gewinnen. Dazu war es nicht einmal nötig, das Gestein auf der Marsoberfläche einzusammeln. Meteoriten brachten schon vor Jahrtausenden Marsgestein zur Erde. Dieses Gestein lässt sich gut identifizieren, da die Bestandteile ähnlich mit denen sind, die auch in der Marsatmosphäre zu finden sind. Denn in den Meteoriten sind oft feinste Gasblasen zu finden, die die „Luft" des Mars konservierten. Würden wir das Gestein des Mars so einsammeln können, wie es auf der Erde der Fall ist, stießen wir auf eine Vielzahl bekannter Mineralien. Der häufig vorhandene Regolith des Mars ähnelt dem des Mondes; Basalt und Olivin kennen wir bereits von unserem Planeten. Auch Andesit, ein Gestein vulkanischen Ursprungs, ist auf dem Mars häufig anzutreffen. Im Sand des Mars dominieren Sulfite, Kieserit und Gips. Bizarr wirken auf uns kleine Kügelchen aus Hämatit. Das Rätsel um deren Entstehung konnte bislang nicht wirklich gelöst werden. Eine denkbare Erklärung wäre, dass die millimeterfeinen Kügelchen durch fließendes Wasser geschliffen und poliert wurden.

In kaum einer Region der Erde finden wir eine Wüste, die ein ebenso trostloses Bild abgäbe. So sehr sich die Oberfläche und Atmosphäre von der der Erde unterscheiden, gibt es jedoch einige Parallelen, wenn wir uns dem Inneren des roten Planeten nähern. Der Erdkern an sich wirkt jedoch „stabiler“. Er war auch für ein starkes Magnetfeld verantwortlich, das beim Mars etwa eine halbe Milliarden Jahre nach seiner Entstehung zusammenbrach. Der innere Aufbau ist in Schalen unterteilt, genauso wie es bei der Erde der Fall ist. Ebenfalls hat der Mars einen heißen Kern wie die Erde, der jedoch etwas leichter ist und nicht fest. Auch dies hatte durch den fehlenden Dynamo-Effekt eine abschwächende Wirkung auf das Magnetfeld – heute besitzt der Mars überhaupt kein Magnetfeld mehr, was den Verlust der Atmosphäre zur Folge hatte. Messungen ergaben zwar lokale magnetische Felder; einen Vergleich mit dem der Erde lassen diese aber nicht zu.

Betrachten wir zum Schluss des Ausfluges zum Mars noch seine Trabanten Deimos und Phobos. Denken wir bei den Monden an unseren Erdenmond, sind wir auf der falschen Spur. Die beiden sind nicht „rund“, sondern vielmehr zwei unförmige Gesteinsbrocken. Phobos ist der größere der beiden, die jedoch ein gemeinsames Schicksal teilen. Irgendwann werden sie verschwinden und den Mars alleine im All zurücklassen. Dies jedoch nicht ohne einen großen Knall, so zumindest bei Phobos. Der größere der beiden Monde wird entweder auf seinen Hauptplaneten stürzen oder bereits in seiner Umlaufbahn auseinandergerissen. Die Trümmer könnten dann einen Ring um den Mars bilden, also optisch ähnlich wie der Ring des Jupiters. Deimos hingegen entfernt sich vom Mars und wird irgendwann so weit entfernt sein, dass die Gravitation ihn nicht mehr in seiner Bahn halten kann. Deimos wird somit ins All entfliegen. Bald wird das nicht geschehen. Forscher gehen davon aus, dass diese Ereignisse erst in Jahrmillionen stattfinden. Als erster der beiden wird jedoch Phobos verschwinden: Das Ende des felsigen Trabanten könnte bereits in 50 Millionen Jahren besiegelt sein.

Der Jupiter

Mit Merkur, Venus und Mars haben wir die Planeten des inneren Sonnensystems und dessen Besonderheiten beleuchtet, zumindest in deren Grundzügen. Die Rätsel, die noch gelöst werden wollen, und die Erkenntnisse, die wir bereits erlangt haben, könnten ganze Lexika füllen. Über die erdähnlichen Planeten wissen wir schon eine Menge. Durch die Vergleichbarkeit mit der Erde, die sich im grundsätzlichen Aufbau nur wenig von den inneren Gesteinsplaneten unterscheidet, lassen sich viele Rückschlüsse auf deren Eigenheiten und Charakteristika ziehen. Verlassen wir jedoch die Bereiche der inneren Planetenbahnen, dann gelangen wir unvermeidlich zu einem wahren Giganten im Sonnensystem: Dem Jupiter. Der Gasriese übt eine echte Anziehung aus. Nicht nur auf Wissenschaftler und Hobbyastronomen. Durch seine Gravitationskräfte zieht der Superplanet Gesteinsbrocken an, bevor sie die inneren Planeten erreichen und fängt sie ab. Dadurch stabilisiert der Jupiter den Asteroidengürtel des Sonnensystems. Um diese Wirkung zu erzielen, benötigt der Planet eine immense Masse. Die ist reichlich vorhanden: Der Planet hat eine Masse, die dem 318-fachen der Erde entspricht und sein Durchmesser ist 11-mal größer als der unseres Planeten. Dabei ist zu beachten, dass der Jupiter keine sichtbare Oberfläche hat. Und von einer Oberfläche können wir auch gar nicht sprechen. Es wird vermutet, dass der Jupiter einen festen Kern besitzt, der etwa die Masse von 20 Erden auf die Waage bringt. Dieser Kern soll aus schweren Elementen bestehen, eine „Oberfläche" im engeren Sinne besitzt er allerdings nicht. Somit könnte auch niemals eine Sonde oder gar ein Raumschiff auf dem Planeten landen. Allein der Versuch wäre nicht ratsam. Der Jupiter besteht aus Gas, das den größten Teil seiner Masse ausmacht. Die mutmaßliche Oberfläche ist nicht scharf abgegrenzt und der Übergang zwischen festem Kern und der gasförmigen Atmosphäre ist fließend.

Die Atmosphäre des Superplaneten ist nicht transparent und somit erlaubt sie keinen Blick auf das, was wir als Kern bezeichnen könnten. Der Jupiter zeigt sich als wolkenverhangen, die im ständigen Wirbel sind und in verschiedensten Farben auftreten können. Ein Blick auf den Jupiter ist ein wirkliches Spektral. Je nach den gegebenen und gerade aktuellen meteorologischen Bedingungen erscheint der Jupiter in braunen, gelben oder roten Tönen und allen farblichen Variationen dazwischen. Gelegentlich wurde auch ein exotisches Blau beobachtet. Diese farblichen Abgrenzungen sind als einzelne Bänder sichtbar, die erstaunlich scharf abgegrenzt sind und in Zonen und Gürtel unterschieden werden. Die Zonen des Jupiters sind die helleren Gebiete. Dort bestimmen kühle, aufsteigende Gase die Atmosphäre. Die Färbung könnte von Eis stammen, das nicht aus Wasser besteht, sondern aus Ammoniak. So lautet zumindest eine potentielle Erklärung. Woher die Färbung der dunkleren Bänder stammt, ist ungeklärt. Eine Theorie besagt, dass die Farbgebung von Schwefel und Phosphor herrühren könnte. Fest steht, dass die Gürtel und Zonen in Bewegung sind. Diese eng abgegrenzten Bereiche können sich sogar in entgegengesetzte Richtungen bewegen. Die Gürtel und Zonen werden durch starke Winde, die Jets genannt werden, in ihren „Bereichen" gehalten. Sie werden schwächer, je näher es in Richtung des Nord- oder Südpols geht. Dort vermischen sich die Gürtel und Zonen mehr oder weniger. Die sonst abgegrenzten Linien verschwimmen dort zu einer dunkelbraunen Masse.

Auch in den anderen Zonen des Jupiters finden trotz der klaren Abgrenzungen durch die Jet-Winde Wechselwirkungen statt. Es kommt zu gut sichtbaren Wirbelstürmen. Einer dieser Stürme fällt besonders ins Auge: Der „Große, rote Fleck" der in den Kreisen der Wissenschaft kurz GRF genannt wird. Der GRF ist ein gigantischer Wirbelsturm, der stabil zwischen zwei Wolkenschichten rotiert und von scharfen Winden begrenzt und an Ort und Stelle gehalten wird. Er ist somit ein atmosphärischer Sturm und hat keine Bindung zur Oberfläche des Jupiters. Das Wort „gigantisch" ist in diesem Zusammenhang nicht übertrieben: Der zyklonartige und ovale Sturm hat die Ausmaße des eineinhalbfachen Erddurchmessers. Außerdem ist der GRF sehr langlebig: Bereits im 17. Jahrhundert wollen Astronomen ihn beobachtet haben. Zum Vergleich: Vergleichbare Stürme auf der Erde lösen sich bereits nach kurzer Zeit – in der Regel innerhalb weniger Wochen – vollständig auf. Der Riesensturm wirkt wie ein übergroßes Auge und ist zum Markenzeichen des Gasriesen geworden. Trotz der Langlebigkeit kann der GRF sein Äußeres innerhalb kürzerer Zeit gravierend verändern. So wurden über wenige Jahre Farbänderungen beobachtet. Außerdem scheint er an Kraft zu verlieren. In den letzten 80 Jahren wurde ein Schrumpfen des GRF beobachtet. Des Weiteren rundete er sich von einer eher ovalen Form immer mehr zum Kreis ab. Generell ist zu beobachten, dass der Sturm kleiner wird. Neben diesem sehr auffälligen Sturm ist permanent eine Vielzahl weiterer Zyklone und Antizyklone zu beobachten. Nicht alle sind so groß und auch nicht von derselben rötlichen Färbung wie der GRF. So erscheinen manche Stürme eher klein, weiß und rund. Klein ist in den Maßstäben des großen Jupiters aber relativ: Selbst eher unscheinbare Zyklone können den Durchmesser unserer Erde besitzen.

Die Atmosphäre des Jupiters besteht in erster Linie aus Wasserstoff, das mit etwa 89,8 Prozent mengenmäßig das häufigste Element bildet. Ein weiterer großer Bestandteil ist Helium mit einem Anteil von 10,2 Prozent. Weitere Elemente in extrem geringer Konzentration (Bruchteile von Prozenten) sind Ammoniak und Methan, in Spuren vorhanden sind zudem auch Kohlenstoff, Sauerstoff. Schwefel und verschiedene Edelgase.

Auch wenn dessen genaue Entstehung bisher nicht völlig geklärt werden konnte, besitzt der Jupiter ein starkes Magnetfeld. Es ist das stärkste aller Planeten im Sonnensystem. Konkret ausgedrückt ist das magnetische Feld des Jupiters etwa 10- bis 20-mal kräftiger als das der Erde. Eine mögliche Erklärung liegt an der starken Eigenrotation des Planeten. Kein anderer Planet dreht sich so schnell um die eigene Achse wie der innerste der äußeren Planeten. Die Ausmaße sind tatsächlich riesig: Betrachten wir die Magnetosphäre des Jupiters und somit den Bereich, der durch das Magnetfeld beeinflusst wird, als Objekt, wäre es das zweitgrößte in unserem Sonnensystem – nach der Magnetosphäre der Sonne selbst. Bis zu sieben Millionen Kilometer reicht das Magnetfeld ins All hinein.

Vergleichen wir den Jupiter mit seinem Nachbarn Saturn, der ebenfalls ein Gasriese ist, gibt es zwei besondere Charakteristika, die besonderen Wiedererkennungswert besitzen: Beim Jupiter ist es der GRF, beim Saturn die markanten Ringe. Doch auch der Jupiter besitzt ein Ringsystem. Es ist jedoch sehr, sehr dünn. Erstmals gelang es der Sonde Pioneer 1 im Jahr 1979, diese Ringe fotografisch festzuhalten. Das war eine echte Herausforderung: Die Teilchen aus Staub, die um den Gasriesen bahnförmig ihre Runden ziehen, sind nicht dichter als Rauch. Erschwert wird diese Tatsache von der Färbung des Staubs. Die Partikel sind schwarz und reflektieren so kaum Sonnenlicht. Eine Beobachtung dieser filigranen Bahnen ist von der Erde aus somit sehr schwierig. Ein weiteres Problem besteht in der Bahn der Partikel. Sie bleiben nicht in einer festen Bahn, sondern werden durch den Planeten angezogen und bewegen sich darauf zu. In der Zukunft werden sie also mit dem Jupiter verschmelzen. Scheinbar gibt es aber eine „Staubquelle", die die Bahnen mit neuen Partikeln bedient. Der Staub soll von den vielen Monden des Jupiters stammen. Diese Felsbrocken sind einem permanenten Bombardement von kleinen Meteoriten ausgesetzt. Dadurch wird Staub aufgewirbelt. Da keine Atmosphäre diesen Staub zurückhält, entschwindet er ins All und gerät so in den gravitativen Einflussbereich des Jupiters.

Monde hat der Jupiter eine ganze Menge. Laut dem letzten Stand der Wissenschaft besitzt der Gasriese insgesamt 79 Trabanten, die unterschiedlicher kaum sein könnten. Die meisten der Monde sind mal mehr, mal weniger große Gesteinsbrocken, die um den Jupiter ihre Runden ziehen. Von größerem Interesse sind jedoch die Galileischen Monde Io, Kallisto, Ganymed und Europa, die jeweils besondere Eigenschaften aufweisen. Der größte dieser vier Monde ist Ganymed, der gleichzeitig der größte Mond aller Planeten im Sonnensystem ist. Nicht nur das: Er ist sogar größer als der Merkur. Auf Ganymed herrschen eisige minus 160 Grad. Und entsprechend ist seine optische Erscheinung. Ganymed ist ein Eismond und seine Oberfläche besteht aus einer mehreren hundert Kilometer dicken Schicht aus gefrorenem Wasser. Im Vergleich zu manchen anderen Planeten des Sonnensystems ist Ganymed ein aktiver Mond. Es gibt zwei kontinentale Platten, die sich aufeinander zu bewegen. Dies ist vergleichbar mit der Plattentektonik der Erde. Auch auf Ganymed entstehen an den Rändern der Platten Aufwertungen, die wie Gebirge erscheinen. Es wird vermutet, dass sich unter dem dicken Eispanzer ein Ozean aus salzhaltigem Wasser befindet. Sollte sich diese Theorie als richtig erweisen, wäre dieses unterirdische Meer gewaltig. Es gäbe demnach mehr Wasser auf Ganymed, als alle Ozeane der Erde zusammen beinhalten. Wasser- und Eisschichten wechseln sich ab. Das ist möglich, da die Salzgehalte variieren. Im inneren der Eis- und Wasserschichten schlummert ein fester, aber vergleichsweise kleiner Kern aus Metall. Das Eis der Oberfläche ist verantwortlich für die Atmosphäre von Ganymed, die sehr dünn ist und größtenteils aus Sauerstoff besteht. Trifft Sonnenlicht auf den harten Eispanzer, trennt sich Wasser in Sauerstoff und Wasserstoff. Während der leichte Wasserstoff ins All entweicht, verbleibt der schwere Sauerstoff durch die Anziehungskraft Ganymeds vor Ort und bildet so die dünne Atmosphärenschicht.

Etwas kleiner und in etwa genauso groß wie der Merkur ist der Jupitermond Kallisto, der in vielerlei Hinsicht vergleichbar mit Ganymed scheint. Der Durchmesser des ebenfalls eisigen Mondes beträgt 4.820 Kilometer. Somit ist Kallisto etwas größer als unser Mond. Seine Oberfläche ist mit unzähligen Einschlagkratern von Asteroiden übersät; nur der Saturnmond Phoebe weist eine ähnliche „Vernarbung" auf. Teilweise sind diese Krater sehr groß, der größte dieser Einschlagorte misst 210 Kilometer im Durchmesser. Die Einschläge führen zu den bekannten Kraterstrukturen. Ansonsten ist die Oberfläche von Kallisto recht eben. Sie besteht zu großen Teilen aus kompaktem und dichtem Eis aus Wasser und eher wenig Gestein. Eine Tektonik wie auf der größeren Schwester Ganymed ist nicht zu beobachten.

Die Dicke des Eises wird mit stolzen 200 Kilometern beziffert. Diese Schicht ist jedoch weniger interessant als das, was darunter liegt. Unter dem Eis soll sich ein Ozean aus flüssigem Wasser befinden, der tiefer sein soll als die Meere der Erde. Dies ist für die Wissenschaft von Bedeutung. Denn wie wir bereits erfahren haben, ist flüssiges Wasser eine der wesentlichen Voraussetzungen von Leben. Unter den 200 Kilometern Eis und etwa zehn Kilometern flüssigen Wassers befindet sich eine Gesteinsschicht, die wiederum durchzogen von Eis ist und hauptsächlich aus Silikaten besteht. Eine Atmosphäre ist nur in Spuren vorhanden und besteht bestenfalls aus Kohlendioxid. Auch das Magnetfeld Kallistos ist nur schwach ausgeprägt. Trotz dieser eigentlich recht unspektakulären Eigenschaften zieht der zweitgrößte Mond des Jupiters das Interesse der Wissenschaft auf sich. Mehrere Sonden zogen bereits an Kallisto vorbei und lieferten wichtige Daten. Dass auf Kallisto relativ wenig los ist, macht den Mond sogar interessant für eine mögliche bemannte Raumfahrtmission.

Entsprechende Pläne wurden schon vor Jahrzehnten ausgearbeitet und wären in etwa 25 Jahren sogar möglich. Die stabile Oberfläche ohne tektonische Vorgänge macht den Mond attraktiv und eine Landung wäre vergleichsweise sicher. Außerdem ist Kallisto von den Objekten im äußeren Sonnensystem relativ schnell erreichbar. Eine Idee ist, Kallisto als Basis zu benutzen, um den benachbarten Mond Europa zu erforschen. Außerdem böte Kallisto die einmalige Möglichkeit zur Gewinnung von Wasser.

Der Drittkleinste aller Jupitermonde trägt den Namen Io. Außer dass er ebenfalls seine Bahnen um den Gasriesen dreht, hat er nicht nur mit den anderen Monden eher wenig gemein. Während die anderen größeren Trabanten eher eisigen Brocken sind, ist auf Io eine Menge los. Auf dem Mond herrscht ein hohes Maß an vulkanischer Aktivität. Nicht nur das. Auf keinem Objekt in unserem Sonnensystem gibt es mehr Vulkane – und dies mit Abstand. Der für unsere Begriffe lebensfeindliche Mond erscheint uns in einem Gelb- oder Ockerton. Der Grund für diese Farbgebung sind großflächige Seen geschmolzenen Schwefels. Es sind gigantische Lavaflüsse zu beobachten, die möglicherweise aus flüssigen Silikaten oder Natrium bestehen könnten.

Schon früh stand Io im Mittelpunkt des wissenschaftlichen Interesses. Als die Raumsonde Voyager 1 im Jahre 1979 Io passierte, war die Entdeckung der vulkanischen Aktivitäten eine Sensation. Denn bis dahin wurde davon ausgegangen, dass es Vulkane nur auf der Erde geben könnte. Diese Annahme ist natürlich längst verworfen. Vulkanische Aktivität ist im Universum kein Einzelphänomen.

Bei den Untersuchungen der Sonde wurde festgestellt, dass Io kein permanent aktiver Feuerball im All sein kann. Während an manchen und durchaus weitläufigen Stellen der Oberfläche keinerlei Aktivität festzustellen war, wurden an anderen Stellen Eruptionen großen Ausmaßes registriert. Es gibt somit keine Hotspots: Auch eben noch inaktive Regionen können in verhältnismäßig kurzer Zeit zum Zentrum vulkanischer Aktivität werden. Ein Zeichen dafür, dass die Oberfläche von Io von Vulkanausbrüchen geprägt ist, zeigt das Fehlen von Einschlagkratern. Die Oberfläche des Mondes ist von ständiger Erneuerung geprägt; die Spuren von Einschlägen werden praktisch immer wieder „geflickt". Deshalb ist die Oberfläche auch im Vergleich zu anderen Vorgängen im Universum sehr jung. Forscher schätzte die äußere Schicht auf ein Alter von maximal zehn Millionen Jahren. Dass Io nie zur Ruhe kommt, liegt an der relativen Nähe zum Jupiter. Auf den Mond wirken die Gezeitenkräfte des Hauptplaneten. Das ist vergleichbar zu unserer Erde, auf der unser Mond für Ebbe und Flut verantwortlich ist. In der Nähe eines Gasriesen sind die Gezeiten um ein Vielfaches erhöht. Der Jupiter erdrückt Io mit seiner schieren Masse, so dass die Gezeiten um etwa den Faktor 600 stärker ausfallen als bei unserem Planeten, sodass sogar die Gesteinsschichten betroffen sind. Der

Jupiter drückt den Mond zusammen und zieht ihn gleichsam wieder auseinander. Die Folge dieses Reißens der Gravitationskraft ist eine permanente Erhitzung von Io – und so auch der Grund, warum auf seiner Oberfläche niemals Ruhe herrscht. Durch Schwankungen in der Umlaufbahn entstehen in der Oberfläche regelmäßig so genannte Gezeitenberge, also Auftürmungen von Gestein, die auf Io eine Höhe von bis zu 300 Metern erreichen könnten. Dieses Phänomen ist auch auf der Erde nicht unbekannt. Doch die hier wirkenden Kräfte erreichen bei weitem nicht die Ausmaße Ios. Es wird vermutet, dass Io zum größten Teil aus Silikaten und teilweise flüssigem Magma besteht. Somit ist er im Vergleich zu den eisigen Monden des Jupiters eine Ausnahme. Unter dieser Magmaschicht soll der Mond einen festen Kern aus Eisen besitzen. Auch die Atmosphäre des Io wirkt wenig freundlich. Sie besteht aus gasförmigem Schwefeldioxid, das sich in einem performanten Wechsel des Aggregatzustandes befindet. Befindet sich der Mond hinter dem Jupiter, gefriert das Schwefeldioxid zu einer dünnen Eisschicht, die wieder auftaut, sobald er den Schatten verlässt und wieder in den Einflussbereich der Sonne gelangt. Auf seiner Bahn um den Jupiter befindet sich der Mond permanent innerhalb der Magnetosphäre des Gasriesen. Dies hat einen permanenten Austausch der Atome der Teilchen innerhalb der Atmosphäre Ios mit dem Weltall zur Folge und sie verliert so konsequent an Masse.

Auch hier ist der Sonnenwind für das Fortreißen der Atome verantwortlich. Dieses Phänomen erinnert an den Verlust des Magnetfeldes des Mars. Hier herrschen jedoch andere Bedingungen. Durch die permanente vulkanische Aktivität auf der Io-Oberfläche wird der Verlust an Teilchen beziehungsweise Atomen stets ersetzt. Die Atmosphäre ist demzufolge stabiler, als es beim urzeitlichen Mars der Fall war. Durch die starke Magnetisierung ist ein optisches Phänomen in der Atmosphäre los zu beobachten, das den irdischen Polarlichtern ähnelt, jedoch bei Weitem nicht so harmlos ist: Durch das Magnetfeld des Jupiters werden Ionen in hohem Maße beschleunigt, wodurch Strahlung entsteht, die vorbeifliegende Sonden beschädigen und sogar zu einem Totalschaden führen kann.

Etwas friedlicher und geruhsamer geht es auf dem kleinsten der vier großen Saturnmonde Europa zu. Der Durchmesser beträgt etwa 3.121 Kilometer. Im Wesentlichen ähnelt er den etwas größeren Monden Ganymed und Kallisto. Auf seiner Oberfläche herrschen frostige minus 150 Grad Celsius und seine weiten Ebenen erinnern an die Polarregionen der Erde. Eine feste Eismasse mit einer Dicke von etwa 100 Kilometern umschließt einen Ozean flüssigen Salzwassers. Der helle Mond Europa wirkt, wenn wir ihn beobachten, jedoch weder weiß noch grau. Er hat eine leicht rötliche Färbung. Diese rührt von Mineralien, die sich auf der eisigen Oberfläche abgesetzt haben. Kandidaten sind Eisenoxid oder Schwefel. Trotz aller Unterschiede zum vulkanisch aktiven Mondnachbar Io gibt es gewisse Parallelen. Denn auch Europa besitzt eine relativ ebene Oberfläche. Genau wie bei Io lässt dies den Rückschluss zu, dass sich die Decke des Mondes immer wieder und in relativ kurzer Zeit erneuert. So fehlen auffällige Einschlagkrater weitestgehend. Stattdessen ist die Oberfläche Europas von zahlreichen Furchen bestimmt, die so ähnlich aussehen wie Risse in dem Eis eines zugefrorenen Sees auf der Erde. Diese Risse werden Lineae genannt und Europa ist nicht der einzige feste Körper im Sonnensystem, der diese Besonderheit aufweist. Die Furchen wurden auch auf der Venus beobachtet. Eine mögliche Erklärung zum Entstehen der Lineae könnte der Ozean unter dem festen Eis bieten. Dieses Meer existiert nur aufgrund der Gezeitenwirkung des massereichen Jupiters. Durch diese Kräfte von außen wird der Ozean unter dem darüber liegenden Eis praktisch ständig durchmischt. Durch diese Einwirkung entsteht Wärme, die nicht nur das Wasser flüssig hält, sondern auch für die furchenartigen Strukturen auf der Oberfläche verantwortlich sein könnte. Außerdem wurde eine Form von Tektonik festgestellt. Eisplatten schieben sich unter andere und sorgen somit für eine gewisse Dynamik der Oberfläche sowie Auf- und Abtriebbewegungen schmelzenden Eises.

Während somit kaum von einer wirklich festen Oberfläche im eigentlichen Sinne gesprochen werden kann, besitzt Europa einen festen Kern. Er ähnelt dabei in vielerlei

Hinsicht unserem Erdmond, obwohl hier natürlich eine feste Gesteinsoberfläche vorhanden ist. Die Parallelen finden sich eher im Inneren. Europa besitzt einen festen Kern aus Eisen oder einem Gemisch aus Eisen und Eisensulfid. Um diesen Kern befindet sich eine dicke Schicht aus Silikaten.

Europa ist durch seine physikalischen Eigenschaften ein Kandidat, auf dem Leben außerhalb der Erde möglich sein könnte. Auch wenn der eisige Mond weit von der Sonne entfernt ist, sind die Bedingungen im Ozean unter dem Eis vergleichbar mit denen in der irdischen Tiefsee. Fehlt das Sonnenlicht, benötigt es zwingend einer anderen Energiequelle. In der Tiefsee erfüllen unterseeische Vulkane diese Aufgabe. Aufgrund von Rückständen von chemischen Verbindungen von Wasserstoffperoxid und Schwefelsäure lag die Vermutung zunächst nahe, dass in den Tiefen des Ozeans auf Europa eine Form vulkanischer Aktivität zu erwarten ist. Außerdem wurden Spuren von Natriumchlorid gefunden, das wir auf der Erde als Kochsalz kennen. Ob diese Verbindungen tatsächlich aus den Tiefen Europas stammen, konnte bisher nicht geklärt werden. So ist es ebenso möglich, dass die Rückstände von Schwefel vom Nachbarmond Io stammen. Der Optimismus um die Frage, ob Europa möglicherweise Leben beherbergen könnte, nahm im Laufe der Jahrzehnte in Forscherkreisen etwas ab. Zwar sind die Bedingungen besser als auf vielen anderen bekannten Himmelskörpern, dennoch ist die Nähe Europas zum Jupiter ein Hindernis. Der Mond befindet sich inmitten des Strahlungsgürtels des Gasriesen – somit ist Europa einer hohen und permanenten Strahlendosis ausgesetzt. Manche Mikroorganismen können zwar auch in Umgebungen mit hoher Strahlung überleben. Für höhere Lebensformen bedeutet dies jedoch eine feindliche Umgebung. Dieser Tatsache liegt zwar nicht die Vermutung zu Grunde, weiterentwickelte Lebewesen tatsächlich auf Europa aufzuspüren. Für eine bemannte Mission fällt Europa trotz der vielversprechenden Bedingung jedoch aus. Zum jetzigen Stand der Technik wäre es nicht möglich, die Strahlung effektiv abzuschirmen. Somit wäre ein Besuch auf diesem Mond für die Menschen tödlich und gilt als praktisch unmöglich.

Der Saturn

Kaum ein Planet beflügelt die Fantasie von Science-Fiction-Fans und Hobbyastronomen mehr als der Saturn. Kein Wunder, denn sein Äußeres setzt sich deutlich von den anderen Planeten in unserem Sonnensystem ab. Die Ringe des Saturn verleihen ihm ein markantes und besonders fremdartig anmutendes Erscheinungsbild. Wie sein Nachbar ist der Saturn ein Gasriese, jedoch etwas kleiner. Mit 92 Erdmassen besitzt er etwa ein Drittel der Masse des Jupiters. Als klein könnte man ihn jedoch nicht bezeichnen: Der Saturn ist nach Sonne und Jupiter der drittgrößte Himmelskörper in unserem Sonnensystem. Dies ist auch der Grund, warum der Gasriese auch mit bloßem Auge relativ gut zu beobachten ist.

Als Gasriese hat der Saturn keine feste Oberfläche im eigentlichen Sinn. Seine Atmosphäre besteht mit 93 Prozent zum größten Teil aus Wasserstoff. Die restlichen 7 Prozent machen Helium aus. Außerdem sind weitere Gase vorhanden, darunter Ammoniak und Methan. Dringen wir tiefer in diese Atmosphäre ein, wechseln die Gase ihren Aggregatzustand. Sie werden flüssig. Dies ist den immensen Druckverhältnissen innerhalb der Grenze geschuldet. Eine feste Grenze, wann dieser Wechsel von Gas zu Flüssigkeit stattfindet, ist schwer zu definieren und nicht genau abzugrenzen. Schließlich erreichen wir eine metallische

Schicht sowie den darunterliegenden Kern des Saturns, der im Vergleich zu anderen Planeten von relativ geringer Masse ist und sich aus Eis und Silikat zusammensetzt.

Auf dem Saturn herrschen raue Wetterverhältnisse. Eine dichte Wolkendecke umhüllt den Planeten. Diese Schicht reflektiert das einfallende Sonnenlicht. Das ist auch der Grund, warum der Saturn praktisch erstrahlt und von der Erde aus gut zu sehen ist. Diese Wolken bestehen im Wesentlich aus Ammoniak. Insbesondere an den Polen herrscht eine rege Wetteraktivität, die sich in Wirbelstürmen niederschlägt, die fest an ihrem Platz verharren und mit den Stürmen auf der Erde kaum einen Vergleich zulassen. Am Nordpol des Saturns zum Beispiel wurde ein Wirbelsturm mit einem Durchmesser von 25.000 Kilometer registriert. Auch am Südpol finden wir einen solchen Sturm, der optisch wie ein Hurrikan auf der Erde wirkt. Aber auch am südlichen Ende sprengen die Dimension unsere irdischen Maßstäbe: Diese Verwirbelung misst im Durchmesser rund 8.000 Kilometer. Der Umstand, dass die Stürme gerade an den Polen des Saturns in solch beständiger und großer Form auftreten ist einer Besonderheit des Gasriesen geschuldet. Auf fast allen Planeten, die wir kennen, herrschen im Durchschnitt kältere Temperaturen, als es zum Beispiel am Äquator der Fall wäre. Beim Saturn verhält es sich etwas anders. Am Südpol ist es geringfügig wärmer. Als Planet, der der Sonne recht fern ist, ist „Wärme“, wie wir sie uns vorstellen, etwas anders definiert.

Im Mittel herrschen in der Atmosphäre des Gasriesen frostige minus 139 Grad. Dass es am Südpol etwas milder ist, ist nicht der Sonne geschuldet. Vielmehr fanden Wissenschaftler dort eine Art warme Zelle, die von auf- und absteigenden Gasen geprägt ist, die während dieses Prozesses die Atmosphäre aufheizen und für die Entstehung des hurrikanartigen Sturmes verantwortlich ist. Eine ähnliche Beobachtung lässt sich auch auf der Erde feststellen. Treffen in unserer Atmosphäre kalte und warme Luftschichten aufeinander, entstehen Gewitter, die glücklicherweise nicht die Ausmaße auf dem Gasplaneten erreichen. Ein Vergleich ist trotzdem möglich. Der Hurrikan Sandy, der im Jahr 2012 weitreichende Zerstörungen in Nord- und Mittelamerika anrichtete, kam immerhin mit einem Durchmesser von 2.000 Kilometern auf ein Viertel der Größe des permanenten Sturms am Südpol des Saturns.

Wenn es um das Wetter geht, teilt sich der Saturn bedeutend mehr Eigenschaften mit dem Jupiter als mit der Erde. So finden wir dort ein Wetterphänomen, dass dem „Großen Roten Fleck“ (GRF) des Jupiters sehr ähnlich ist. Fast alle 30 Jahre taucht dort der „Große Weiße Fleck“ auf.

Der Saturn besitzt ein Magnetfeld, das den Planeten vor Wechselwirkungen mit dem Sonnenwind schützt. Es ist rund 20-mal schwächer als das des Jupiters. Wie es sich gebildet hat, ist noch nicht völlig geklärt. Es wird vermutet, dass es durch einen Dynamo-Effekt des Kerns entsteht. Die

Magnetosphäre des Planeten wird durch äußere Bedingungen beeinflusst. Auf das Magnetfeld wirken sowohl die Ringe, als auch der für die Wissenschaft besonders interessante Mond Titan. Bevor wir uns seinen Trabanten widmen, schauen wir uns zunächst das markante Ringsystem an. Zunächst gilt es hier mit einem verbreiteten Gerücht aufzuräumen: Die Ringe des Saturns sind keine dichten Scheiben. Von unserem Beobachtungspunkt – der Erde – aus, wirken sie nur so. Um die wahre Natur der Ringe zu erkennen, müssen wir uns dem Planeten bedeutend nähern. Dies ist mittels Sonden möglich. So lieferte Voyager 1 im Jahre 1981 aufschlussreiche Daten: Aus der Nähe betrachtet, sind die Ringe nämlich nicht geschlossen, sondern bestehen aus extrem vielen Partikeln aus Staub, Geröll und Eis. Deren Durchmesser kann bedeutend variieren. Von kleinsten Staubkörnern bis großen Gesteinsbrocken ist jede Größe vorhanden. Insgesamt bilden diese vermeintlichen Scheiben ein Ringsystem, dass aus sieben einzelnen Ringen besteht und von Astronomen mit den Buchstaben A bis G bezeichnet wurden. Die verschiedenen Ringe sind nicht gleichmäßig aufgebaut und unterscheiden sich in Form und Masse. Generell sind sie für die Maßstäbe des Universums sehr dünn. Manche besitzen ein Dicke von nur zehn Metern. Das Maximum wird mit 100 Metern beschrieben. Diese unterschiedlichen Maßstäbe sind jedoch wichtig für die Sichtbarkeit. Während die dickeren Ringe sogar mit einem einfachen Teleskop zu beobachten sind (das Ringsystem des Saturns wurde erstmals von Galileo Galilei im Jahre 1610 entdeckt und beschrieben) wirken andere bloß wie ein kaum sichtbarer Staubfilm im All.

Die Einteilung auf die Ringe A bis G ist jedoch relativ grob gefasst. Betrachten wir die Ringe genauer, ist festzustellen, dass bis zu 100.000 einzelne Unterteilungen möglich sind. Die sieben Ringe unterteilen sich je nach Dichte in sich und wirken mal mehr, mal weniger „dick". Vergleichbar ist dies zumindest optisch mit den Altersringen im Querschnitt eines Baumes. Diese Unterschiede beruhen auf der Gravitation und den Wechselwirkungen des Saturns mit seinen zahlreichen Monden. Somit ist die Frage, warum die Ringe ihr markantes Aussehen besitzen, weitestgehend geklärt. Über ihre Entstehung gehen die Meinungen unter Astronomen jedoch auseinander. Eine mögliche Theorie besagt, dass die Ringe die Überbleibsel eines ehemaligen Mondes sind, der von den Gezeitenkräften auseinandergerissen und praktisch pulverisiert wurde. Außerdem wird darüber spekuliert, ob der betreffende Trabant von einem Asteroiden zerstört wurde und die Ringe aus den Trümmern von Mond und Asteroid bestehen.

Monde hat der Saturn eine Menge: Zum heutigen Stand wurden 82 solcher Trabanten entdeckt. Es ist davon auszugehen, dass die Zahl nicht endgültig ist. Immer wieder finden Astronomen neue Monde, die jedoch relativ klein sind. Die Existenz der größeren Exemplare ist mitunter seit

Jahrhunderten bekannt. Der bekannteste, aber auch gleichzeitig größte und faszinierendste Saturnmond ist der Titan. Mit einem Durchmesser von 5.150 Kilometern setzt er sich in seiner Masse von den restlichen Monden ab. Der zweitgrößte Mond, Rhea, besitzt lediglich einen Durchmesser 1.528 Kilometern. Der kleinste der Trabanten um den Saturn trägt die Bezeichnung S/2009 S1 und misst nur 300 Meter im Durchmesser. Diese Kleinmonde wurden in einer derart hohen Stückzahl gefunden, dass es sich die Wissenschaft sogar sparte, ihnen einen eigenen Namen zu verleihen. Stattdessen erhalten Neuentdeckungen nur noch eine laufende Nummer.

Doch kommen wir zurück zum Titan, der einige besondere Eigenschaften aufweist. Wir haben mit Merkur, Mars und Venus bereits Planeten kennengelernt, die als erdähnlich bezeichnet werden. Aber wer kommt schon auf den Gedanken, dass ein entlegener Eismond des Saturns der erdähnlichste Himmelskörper des Sonnensystems überhaupt sein könnte? Der Titan sieht nicht auch nur im Entferntesten so aus, wie die Erde. Das Besondere an dem Saturnsatelliten: Er gilt als aussichtsreichster Kandidat für Leben außerhalb unserer Erde. Dennoch müssen wir uns von der Vorstellung verabschieden, dass es dort höheres Leben geben kann. Trotz aller Ähnlichkeiten liegen die Unterschiede auf der Hand. Der Mond liegt weit außerhalb der habitablen Zone und somit ist es dort bitterkalt. Auf der Oberfläche herrscht eine eisige Temperatur von etwa minus

180 Grad Celsius. Das Besondere am Titan ist seine Atmosphäre: Sie ist dick und reich an Stickstoff und somit unserer irdischen Atmosphäre gar nicht so unähnlich. Kurzum: Unser Planet und der Saturnmond sind die einzigen Himmelskörper im Sonnensystem, deren Atmosphäre aus Stickstoff besteht. Mit 98,4 Prozent ist Stickstoff das mit Abstand häufigste Element beziehungsweise Gas in der Atmosphäre. Weitere Bestandteile sind beispielsweise Argon und Methan, das in den oberen Schichten weitaus häufiger zu finden ist. Der Grund, warum Stickstoff in großer Menge vorhanden ist, liegt an der Einwirkung der Sonne. Aus dem Gestein der Oberfläche steigt Ammoniak auf, der durch die Sonne aufgespalten wird. Die beiden Verbindungen, die anschließend entstehen, sind Stickstoff, aber auch Wasserstoff. Während der schwere Stickstoff innerhalb der Atmosphäre verbleibt, verflüchtigt sich der leichte Wasserstoff durch den Sonnenwind ins Weltall. Weder die Gravitation des Titans noch sein Magnetfeld sind ausreichend, um das Entschwinden des Wasserstoffs aufzuhalten.

Das Besondere am Titan ist jedoch, dass neben diesen Gasen auch organische Verbindungen festgestellt wurden, zumindest in Spuren. In den oberen Schichten der Titanatmosphäre wurden komplexe Kohlenstoffverbindungen nachgewiesen. Diese Verbindungen gelten als der Grundbaustein des Lebens und dies ist einer der Gründe, warum der Titan für die Wissenschaft von besonderem Interesse ist. Diese schweren Moleküle sollen – zumindest nach der Auffassung des Astrophysiker Carl Sagan – so genannte „Tholine“ bilden, eine Form von Molekülen, die bisher unbekannter Zusammensetzung sind. Jedenfalls sollen diese für den orangefarbenen Schleier, der den Titan umgibt, verantwortlich sein. Außerdem wird vermutet, dass vergleichbare Moleküle in der Urzeit auf der Erde ebenfalls vorkamen. Somit rückt man der Theorie der Entwicklung von Leben ein weiteres Stück näher. Auf der Erde war dieser Prozess schließlich erfolgreich. Der Titan ist somit nicht nur von Interesse, weil sich dort möglicherweise Leben bilden könnte. Sondern auch, weil die Verhältnisse im Vergleich zur frühen Erde sehr ähnlich sein könnten. Somit bietet ein Studium des Titans die Möglichkeit, mehr über die Frühgeschichte und die Evolution auf unserem Planeten zu erfahren. Anders ausdrückt könnte der Titan ein Fenster in die Vergangenheit der Erde sein. Ein großes Problem ist jedoch die Temperatur, die auf dem Saturnmond herrscht. Die harschen Minusgrade machen eine Entwicklung des Lebens, wie wir es kennen, praktisch unmöglich. Zwar gibt es durch die dichte Wolkendecke eine Form des Treibhauseffektes, der den Titan erwärmt. Für lebensfreundliche Temperaturen reicht dies aber bei weitem nicht und die Gradzahlen verbleiben auf dem gesamten Titan im dreistelligen Minusbereich. Wie bereits erwähnt, könnten dennoch Vorstufen einer frühen Phase der Evolution ablaufen. Von Bedeutung ist weiterhin, dass es auf der Oberfläche des Titans Seen aus Ethan oder Methan geben soll. Dort herrschen Bedingungen, die grundsätzlich Vorstufen des Lebens beherbergen könnten. Ein interessantes Experiment zur atmosphärischen Zusammensetzung des Titans konnten Forscher der University of Arizona durchführen. Sie mischten die Bestandteile der Atmosphäre, nämlich Stickstoff, Methan sowie Kohlenmonoxid im Labor zusammen. Das Resultat war erstaunlich. Nachdem sie dieses Gemisch einer starken Radiostrahlung ausgesetzt hatten, bildeten sich ohne weiteres Zutun Aminosäuren, die ein Grundbaustein dessen sind, was wir auf der Erde als Proteine kennen. Das lässt die Möglichkeit zu, die Evolution der Erde aus einem völlig anderen Blickwinkel zu betrachten. Generell geht die Forschung davon aus, dass die ersten Spuren des Lebens in einer „Ursuppe“ entstanden sind, also in einer Flüssigkeit. Das Experiment der amerikanischen Forscher lässt einen anderen Rückschluss zu. So wäre es denkbar, dass die Entwicklung der ersten Vorstufen des Lebens auf der Erde nicht in einem flüssigen, sondern in einem gasförmigen Medium – also der irdischen Atmosphäre – von Statten ging.

Der Druck an der Oberfläche ist etwa um die Hälfte höher als auf der Erde und beträgt ziemlich genau 1,5 bar. Auch ansonsten herrschen auf dem Titan recht ungemütliche Bedingungen, so zum Beispiel beim Wetter. Turbulenzen gibt es nicht nur in der Atmosphäre. Auf der Oberfläche können gigantische Stürme aus Staub entstehen. Dieser

Staub bzw. Sand besteht aus Kohlenwasserstoff. Diese Stürme dauern meist nur mehrere Stunden an, können aber riesige Gebiete betreffen. Die Raumsonde Cassini registrierte eine solchen Staubsturm, der eine Fläche von etwa 420.000 Quadratkilometern umfasste. Über die Oberfläche des Titans ist zurzeit und im Vergleich zu anderen Himmelskörpern des Sonnensystems relativ wenig bekannt. Das liegt an der Wolkendecke, die die Sicht auf die Oberfläche des Mondes permanent verdeckt und somit erschwert. Es scheint jedoch so, dass es auf dem Titan keine großen Gebirgszüge gibt. Höhenunterschiede von über 150 Metern sind selten zu finden. Eine Ausnahme stellt eine Region mit dem klangvollen Namen Xanadu dar, die sich in der Nähe des Äquators befindet und etwa 4.500 Kilometer umfasst. Diese Region erscheint auf Fotografien als besonders hell. Dort konnten Forscher Gebirgszüge erkennen, deren Spitzen bis zu zwei Kilometern in die Höhe ragen. Erstaunlich ist hier die Ähnlichkeit zu den Gebirgen unserer Erde. Auf dem Titan bestehen diese Berge jedoch vornehmlich aus instabilem Wassereis. Das erklärt auch die hellere Farbe in Xanadu. Durch Regen – der auf dem Titan übrigens nicht aus Wasser, sondern aus Methan besteht – und die Einwirkungen des Windes könnten hier große Höhlensysteme entstanden sein. Das Methan wäscht die „Eisberge“ praktisch aus. Und das ist eine weitere Parallele zu unserem Planeten. Auf der Erde entstehen Höhlen ebenfalls auf diese Weise.

Zwar wird für den Titan eine große geologische Aktivität festgestellt. Doch die Gebirge des Titans stammen wohl nicht aus tektonischen Bewegungen, sondern daher, dass der Mond über Millionen von Jahren etwas geschrumpft ist. Ist diese Theorie korrekt, können wir uns den Titan wie einen Luftballon vorstellen, aus dem langsam aber stetig die Luft entweicht. Auch hier können wir Verwerfungen auf der Gummioberfläche feststellen. Diese Verwerfungen und Falten stellen im Beispiel des Titans die Gebirgszüge dar. Im Falle des Mondes gibt es jedoch keine Entweichung eines bestimmten Stoffes. Es ist davon auszugehen, dass der Titan sich Laufe der Zeit beständig abgekühlt hat. Unter der Titanoberfläche soll sich ein Ozean befinden, der aufgrund dieses Effektes nach und nach gefriert. Dadurch verliert der Ozean an Volumen. Das Resultat ist, dass sich die Oberfläche in Falten legt.

Die Zusammensetzung der Oberfläche ist recht komplex und vielseitiger, als es auf anderen Monden und Planeten der Fall wäre. Cassini-Huygens konnte Eis aus Wasser feststellen, das teilweise von Methanseen verdeckt ist. Ein besonderes Rätsel stellt die Form des vorhandenen Kohlenwasserstoffes dar. Die Frage, in welcher Form das Molekül vorliegt, ist noch nicht beantwortet. Auch Laborexperimente brachten nicht die erwünschten Ergebnisse.

Die Oberfläche des Titans besitzt vom äußeren Erscheinungsbild einige Ähnlichkeiten mit den Monden des Jupiters. Der Titan ist ebenfalls von wenigen Einschlagkratern gezeichnet. Währen das bei den Jupitermonden, die wir bereits kennengelernt haben, maßgeblich an den vulkanischen Aktivitäten oder einer Eisschicht liegt, ist auf dem Titan der Regen aus Methan für eine regelmäßige Erneuerung der Oberfläche verantwortlich. Ebenfalls führen die Winde zu einem ähnlichen Effekt. Neue Einschlagkrater werden mit Staub zugeweht. Auf der Erde können wir ein ähnliches Phänomen beobachten und die Bedingungen sind auch hier vergleichbar. Auch auf unserem Planeten finden sich vergleichsweise wenige solcher Krater. Ein wenig anders sind die Umstände aber schon, denn auf der Erde sorgt zusätzlich die Vegetation für eine geringere Sichtbarkeit von Kratern. Außerdem ist der größere Teil der Erdoberfläche unter Wasser und somit auch die Einschlagstellen von Meteoriten. Große Bedeutung kommt auch der Atmosphäre bei, die auf dem Titan eine ähnliche Funktion wie die auf der Erde einnimmt: Sie funktioniert wie ein Schutzschild. Während auf anderen Planeten mit keiner oder nur sehr schwach ausgeprägter Atmosphäre Meteoriten nahezu ungehindert einschlagen, wie es zum Beispiel auf dem Merkur der Fall ist, verglüht ein großer Teil – nämlich in etwa die Hälfte – der Meteoriten, bevor sie auf der Titanoberfläche einschlagen können. Den gleichen Effekt haben wir glücklicherweise auch auf der Erde.

Aufgrund der vielen Ähnlichkeiten zur Erde ist und war der Titan ein Ziel von einigen unbemannten Raumfahrtmissionen. Obwohl uns bereits Fotografien der Oberfläche vorliegen, birgt der Titan – wie wir erfahren haben – noch eine Vielzahl verschiedener und spannender Rätsel, die die Wissenschaft noch lösen möchte.

Der Uranus

Lassen wir auf der Reise zu den Grenzen unseres Sonnensystems die beiden mächtigen Gasriesen Saturn und Jupiter hinter uns, kommen wir zum Uranus, einem so genannten Eisriesen. Er ähnelt in Aufbau und Eigenschaften sehr seinem unmittelbaren Nachbarn, dem Neptun. Uranus dreht in einer gewaltigen Entfernung seine Runden um die Sonne. Drei Milliarden Kilometer ist der Planet von unserem Stern entfernt. Kein Wunder, dass es dort sehr kalt ist: Die Temperatur in der Atmosphäre beträgt etwa minus 197 Grad Celsius. Außerdem ist ein Jahr für unsere Verhältnisse extrem lang. Uranus braucht für eine Umrundung der Sonne stolze 84 Erdenjahre.

Eine wirkliche Oberfläche gibt es auf dem Planeten nicht, sondern er besitzt eher eine flüssig-gasförmige Substanz. Das kennen wir bereits von anderen Gasplaneten. Stattdessen besteht der Planet weitestgehend aus einer relativ dünnen Atmosphäre, die sich in Richtung des Planeteninneren mehr und mehr verflüssigt. Dies ist vor allem den immer höher werdenden Druckverhältnissen geschuldet. Im Wesentlichen besteht die Atmosphäre aus Elementen, die uns im Universum schon sehr vertraut sind: Wasserstoff und Helium. Den bedeutend größeren Teil macht jedoch der Wasserstoff mit rund 83 Prozent aus. Schließlich folgen ein siebenprozentiger Heliumanteil sowie geringere Mengen von Methan und anderen Elementen wie Deuterium. Das Verhältnis zwischen Helium und Wasserstoff ist sehr interessant, da es sehr viel Ähnlichkeit mit der Zusammensetzung der Sonne hat. Es wird vermutet, dass sich in der Atmosphäre außerdem Spuren von Methaneis, Ammoniakeis, Wassereis und Ammoniumhydrogensulfid befinden. Das Methaneis bildet in der oberen Atmosphäre Wolken. Für uns hat das deshalb eine Bedeutung, da es für die prägnante Farbgebung des Uranus verantwortlich ist. Das Sonnenlicht im rötlichen Teil des Spektrums wird absorbiert. Der blaue Teil kann jedoch ungehindert durchdringen. Dies ist der Grund, warum uns der Uranus in seiner blauen bis grünen Farbgebung erscheint. In dieser höchsten Wolkenschicht herrschen höchste Minusgrade von bis zu minus 221 Grad Celsius. Unter dieser atmosphärischen Glocke aus Wasserstoff, Helium und Methan findet sich ein harter Kern aus Gestein. So vermuten es zumindest Astronomen. Im Vergleich zur Gashülle fällt der jedoch recht klein aus und soll aus Wassereis und Silikat bestehen.

Auch im Inneren entsteht kaum Wärme und der Uranus ist somit ein sehr kalter, aber auch ruhiger Planet. Im Vergleich zu den turbulenten Zuständen des Jupiters kommen auf dem Uranus weniger Stürme vor. Auch dies ist der allgegenwärtigen und recht gleichmäßigen Kälte zuzuschreiben. Zwar wurden innerhalb der Atmosphäre auch Wirbelstürme registriert, die jedoch in der Intensität geringer ausfallen.

Dennoch können diese meteorologischen Erscheinungen auf der optisch ansprechenden „Oberfläche" des Uranus je nach Stärke und Größe gut zu beobachten sein. Manche dieser Stürme waren sogar per Hobbyteleskop zu sehen. Allgegenwärtig sind jedoch die gefrorenen Methanwolken, die je nach Dichte für unterschiedliche Farbtöne sorgen.

Ähnlich wie der Saturn besitzt der Uranus ein Ringsystem, das jedoch weitaus schlechter zu beobachten ist. Insgesamt fünf Ringe konnten entdeckt werden. Während beim Saturn die Ringe wie Scheiben aussehen, wirken die des Uranus weitaus dünner. Sie sind es auch: Der Anteil an großen Gesteinsbrocken bis zu einem Durchmesser von zehn Metern ist weitaus höher als es bei den Saturnringen der Fall ist. Im Gegenzug ist der Anteil an feinstem Staub deutlich geringer, der für eine bessere Sichtbarkeit obligatorisch ist. Deshalb gelang der Nachweis der Uranusringe im Jahr 1977 nur indirekt. Bei der Beobachtung des Uranus fielen den Wissenschaftlern James L. Elliot, Edward D. Dunham und Douglas J. Mint kurzzeitige Einschränkungen bei der Sichtbarkeit des Planeten auf – und dies wiederkehrend und fünfmal. Somit musste sich etwas in der Sichtlinie befinden. Und die Lösung waren die fünf Ringe, die praktisch nur durch einen Zufall entdeckt wurden. Diese Form der indirekten Beobachtung ist für die Astronomie mittlerweile eine Standardmethode. Gerade wenn es uns um die Erkundung des Universums außerhalb unseres Sonnensystems und um den Nachweis von Exoplaneten geht. Diesem spannenden Thema werden wir uns in einem anderen Kapitel genauer widmen.

Der Uranus hat einige Monde. Aber es sind bei weitem nicht so viele wie bei seinen „großen Verwandten". Stand jetzt sind insgesamt 27 bekannt. Auch in der Größe kommen die Uranusmonde weit kleiner daher als Satelliten wie Io oder der Titan. Das größte Exemplar trägt den Namen Titania, hat einen Durchmesser von etwa 1.500 Kilometern und ist ein Eismond.

Der Neptun

Am äußersten Rande des Sonnensystem erwartet uns Neptun, der achte und mit rund 4,5 Milliarden Kilometern der von der Sonne mit Abstand am weitesten entfernte Planet. Durch seine Entfernung zu unserem Stern herrschen dort eisige Temperaturen von etwa minus 200 Grad Celsius, in den unteren Schichten seiner Atmosphäre werden es gar minus 218 Grad Celsius. Neptun ist ebenfalls wie sein Nachbar – der Uranus – dem er sehr ähnlich ist, ein Eisriese und besitzt etwa die 58-fache Masse der Erde und einen viermal so großen Durchmesser. Vergleichen wir die beiden Eisriesen Neptun und Uranus, fällt auf, dass Neptun zwar kleiner, aber massereicher ist. Dennoch überwiegen die Gemeinsamkeiten, insbesondere wenn es um die Zusammensetzung der Atmosphäre geht. Sie besteht zum größten Teil aus den Grundelementen des Universums: Wasserstoff und Helium. Des Weiteren finden wir kleinere Mengen von Methan. Das Methan ist auch für die bläuliche Färbung des Planeten verantwortlich. Ganz ähnlich wie beim Uranus absorbieren Methanwolken den rötlichen Teil des Lichtspektrums. Nur das blaue Licht wird reflektiert und lässt den Eisriesen in einem kräftigen Blau erscheinen, das ein wenig satter wirkt als bei Uranus. Das könnte auf weitere Bestandteile der Atmosphäre zurückzuführen sein. Welche Elemente oder Verbindungen dies genau sind, ist bisher jedoch noch nicht geklärt.

Ähnlich wie die anderen Gasplaneten unseres Sonnensystems, kann von einer Oberfläche des Neptuns kaum die Rede sein. Die Atmosphäre verflüssigt sich in tieferen Schichten und umschließt einen kleinen, festen Kern. Für den Neptun wird vermutet, dass der Kern in etwa so groß wie die Erde ist und aus glühendem, heißen Metall besteht. Die umgebende, diffuse Schicht aus Flüssigkeit können wir uns wie ein Meer vorstellen, das aus Gestein, Ammoniak und Methan besteht, aber auch Anteile von Wasser besitzt.

Blicken wir genauer auf die Atmosphäre, können wir viele Parallelen zum Nachbarplaneten Uranus feststellen – aber es gibt auch gravierende Unterschiede, die uns vor einige Rätsel stellen. Das Wetter des Neptuns ist in unserem Sonnensystem etwas Einmaliges und sprengt alle Superlativen. Innerhalb der Atmosphäre des Eisriesens wurden Windgeschwindigkeiten von über 1.600 km/h registriert, manchmal ist gar von 2.100 km/h die Rede. Nicht nur für unseren Planeten sind diese Maßstäbe unvorstellbar. Auf keinem Planeten des Sonnensystems wurden ähnliche Spitzenwerte errechnet. Dies steht sehr im Kontrast zum Uranus. Denn dort werden höchstens schwache Winde registriert. Wie kommen diese Geschwindigkeiten trotz aller Gemeinsamkeiten in der Beschaffenheit der beiden Planeten zustande? Winde entstehen durch Thermik, also der Wechselwirkungen der Sonne mit der Atmosphäre. Erwärmte Schichten der Atmosphäre steigen auf, kühlere sinken ab. Das ist auf allen Planeten, die uns bekannt sind, ziemlich gleich. Diese Kräfte gleichen sich zu einem gewissen Grad aus. Die Sonne treibt Winde an und bremst sie im Umkehrschluss aber auch wieder ab. Der Uranus liegt im Vergleich zum Neptun ein gutes Stück näher zur Sonne. Umso stärker wirkt deren Einfluss auf die Atmosphäre. Durch diesen Anschub und gleichzeitige Abbremsung bleiben hier die Windgeschwindigkeiten vergleichsweise niedrig. Auf dem Neptun ist die Kraft zwar ebenfalls vorhanden, aber durch die geringe Intensität der Sonne geschieht dies verzögert und über einen langen Zeitraum. Sind die Winde erst einmal angeschoben und nehmen an Fahrt auf, lässt die abflauende Wirkung ebenfalls lange auf sich warten. So entstehen Winde zwar langsam, können aber eine gewaltige Kraft entwickeln, bevor sie wieder abflachen. Die regulierende Kraft der Sonne ist somit stark reduziert. In anderen Wettersystemen entstünden Turbulenzen, die dem Wind relativ zügig die Kraft nehmen würden. Innerhalb der Atmosphäre des Neptuns wurden Wirbelstürme beobachtet. Diese Zyklone haben eine Ähnlichkeit zu dem „Großen Roten Fleck“ des Jupiters. Auffällig ist ein besonders großes System, das die Wissenschaft auf den Namen „Great Dark Spot“ getauft hat. Es finden sich auch Ähnlichkeiten zum Saturn, der eine ähnliche Wetterdynamik aufweist. Es scheint so, als würde beim Blick auf die Windgeschwindigkeiten trotz seiner Extreme nicht der Neptun, sondern der Uranus mit seiner „Flaute“ das eher außergewöhnliche Exemplar unter den

Gasplaneten unseres Sonnensystems sein. Dass im Falle des Neptuns bei der Entstehung von Winden die Sonne und deren Entfernung eine große Bedeutung beiwohnt, ist jedoch nur eine Theorie. Von einem anderen Blickwinkel aus betrachtet, wird ebenfalls die Möglichkeit durchgespielt, dass der heiße Neptunkern durch seine Wärmeabgabe bei der Bildung größerer Windsysteme eine Rolle spielt.

Im Vergleich zu den anderen Planeten ist das Magnetfeld des Eisriesen eher schwach ausgeprägt. Am Äquator hat das Feld in etwa die Stärke von fünf Prozent des Magnetfeldes der Erde. Dennoch kommt es an den Polen zu vergleichbaren optischen Begleiterscheinungen wie Polarlichtern.

Ein kleines Ringsystem umschließt den Neptun, das im Wesentlichen aus Scheiben aus Staub besteht. Somit sind die Ringe gut sichtbar, strahlen in einem satten Blau und sind vergleichsweise dunkel. Eine direkte Beobachtung ist jedoch schwierig; die Ringe sind sehr fein. Genauso, wie bei dem Ringsystem des Uranus, geschah die Entdeckung auf Umwegen durch eine sichtbare Abdunkelung bei der Observation des Planeten selbst. Insgesamt sind zurzeit sieben vollständige Ringe bekannt. Die Bezeichnung „vollständig" ist im Falle der Neptunringe wichtig. Denn es finden sich ebenfalls so genannte Ringbögen. Diese Bögen sind eher Segmente von Ringen. Sie sind sehr schwach und hell und kurioserweise physikalisch kaum oder nur sehr schwierig zu erklären. Insbesondere der Umstand, dass es nur Teilstücke eines Rings sind, warf mehr Fragen als Antworten auf. Gemäß den geltenden Bewegungsgesetzen wäre zu erwarten, dass sich das Material der Segmente zu einem vollständigen Ring ausbreiteten würde. Möglicherweise spielt die Gravitation naher Monde die entscheidende Rolle – so lautete die gängigste Theorie. Schließlich konnte die Raumsonde Voyager 2 entscheidende Ergebnisse zur Klärung dieser Frage beitragen. Dass die Ringe unvollständig scheinen, ist mehr oder weniger eine optische Täuschung, abhängig davon, ob die Staubpartikel innerhalb der Bögen/Ringe von der Sonne angestrahlt werden. Nur aus nächster Nähe – und dies war bei dem Besuch der Sonde im Jahr 1989 möglich – konnte das Rätsel gelöst werden, nachdem eine Beobachtung von der Erde aus keine Lösung brachte.

Viele Eigenschaften des Neptuns werfen trotzdem noch Fragen auf. So auch dann, wenn wir die vollständigen Ringe näher betrachten. Dass es wie erwähnt sieben Ringe sind, ist nicht vollends geklärt. So gilt die Existenz mindestens einer dieser vollständigen Ringe als ungewiss und theoretisch.

Um den Neptun ziehen 14 Monde ihre Bahn. Zumindest ist deren Existenz gesichert, es ist aber nicht ausgeschlossen, dass es mehr sein könnten. Der mit Abstand größte und bemerkenswerteste Mond wurde auf den Namen Triton getauft, der einen Durchmesser von rund 2.700 Kilometern besitzt. Damit ist Triton unter den Neptunmonden einsamer Spitzenreiter. In Bezug auf den Durchmesser belegt der Neptunsatellit Proteus mit nur 416 Kilometern im mittleren Durchmesser den zweiten Rang. Der eisige Mond Triton ist nicht nur vergleichsweise groß, sondern besitzt eine beachtliche Masse. Er ist der siebtgrößte Mond des Sonnensystems. Mit einer Temperatur von fast minus 238 Grad Celsius ist es auf Triton sehr kalt und die Oberfläche wirkt zernarbt, wenngleich auch eher wenige Krater von Meteoriteneinschlägen zu sehen sind. Die Oberfläche zeigt deutliche Zeichen von seismischer Aktivität. Geysire, die einen Mix aus Stickstoff und Geröll bis zu 8.000 Meter in die Höhe schleudern, sind auf den fotografischen Aufnahmen der Voyager 2 weithin und gut sichtbar. Tritons Umlaufbahn um den Neptun ist sehr eng und befindet sich somit im Einflussbereich der Gezeitenkräfte des Planeten. Diese enge Bahn ist der Grund, warum Triton ein ähnliches Schicksal droht wie Phobos, dem größeren der beiden Monde des Mars. Entweder wird Triton in einer ferner Zukunft auseinandergerissen oder er stürzt auf Neptun.

Die Erde

Lassen wir den Neptun hinter uns, haben wir unsere Reise von Planet zu Planet abgeschlossen. Wir haben uns hier lediglich den wichtigsten Eckdaten der Planeten gewidmet, sie miteinander verglichen und ihre Besonderheiten dargestellt. Auch wenn sich viele Eigenschaften ähnlich sind, besitzt jeder einzelne von ihnen ganz spezifische Charakteristika. So sind sie – auch wenn sie sich alle ähneln – doch sehr unterschiedlich. Nun stellt sich die spannende Frage: Wie sind die Bedingungen auf den Planeten, die wir noch nicht erforscht haben? Doch bevor wir die Grenzen unseres Sonnensystems verlassen, blicken wir noch einmal auf unser unmittelbares Umfeld: Auf die Erde. Mit den verschieden ausgeprägten Oberflächenstrukturen, der atmosphärischen Zusammensetzung und der Stärken der Magnetfelder konnten wir Gemeinsamkeiten und Unterschiede feststellen. Doch wie ist die Situation bei uns? Mit dem Wissen über die Erde könnten wir kein Buch füllen, sondern ganze Hallen voller Bücherschränke. Einen kleinen Blick auf unseren Heimatplaneten erlauben wir uns trotzdem.

Die Erde ist der spektakulärste Planet im Universum. Zumindest so lange wir keinen anderen Planeten entdeckt haben, der die Erde übertrifft. Damit dies gelingen kann, bedarf es einer wichtigen Eigenschaft, die es nur auf unserem Heimatplaneten gibt: Dem Leben. Nach unserem heutigen Kenntnisstand ist die Erde der einzige Himmelskörper, auf dem überhaupt Leben existiert. Die Grundbausteine des Lebens wurden schon auf einigen anderen Planeten und Monden entdeckt. Hier sei explizit noch einmal der Titan genannt. Aber die Erde ist mit absoluter Sicherheit der einzige Planet in unserem Sonnensystem, auf dem komplexes und sogar intelligentes Leben möglich ist. Die Bedingungen auf unserem Planeten sind einzigartig, aber auch sehr zerbrechlich. In den Jahrmillionen, die in unserem Universum wie ein Wimpernschlag vergehen, können sich solche Bedingungen schnell ändern. Ein Zeuge ist der Mars, der im Laufe der Zeit seine schützende Atmosphäre verlor. Kann der Erde ein ähnliches Schicksal widerfahren? Die Antwort lautet: Ja, natürlich. Aber davon sind wir noch weit entfernt, denn die Abläufe im Universum sind aus unserer Sicht sehr behäbig. Auch wenn die Erde ein besonderer Planet ist, ist er eben „nur" ein Planet, der viele Eigenschaften mit seinen Nachbarn im Inneren Planetensystem teilt.

Wenn wir die Dimension der anderen Planeten berücksichtigen ist unsere Erde eigentlich ziemlich klein. Der Durchmesser beträgt 12.700 Kilometer. Die Luft, die wir atmen, besteht nicht zum größten Teil aus Sauerstoff. So können wir gleich mit einem gängigen Vorurteil aufräumen. Stickstoff macht mit 78 Prozent den größten Teil unserer Atmosphäre aus. Erst dann folgt Sauerstoff mit 21 Prozent

Gesamtanteil. Das letzte Prozent besteht aus Edelgasen, insbesondere aus Argon. Weitere Bestandteile sind Wasserdampf und Kohlendioxid.

Die Oberflächentemperatur beträgt im Durchschnitt 15 Grad Celsius. Schwankungen sind jedoch je nach Region möglich. So wurden in der Antarktis bereits minus 89 Grad Celsius und im Death Valley-Nationalpark in Nordamerika fast 57 Grad gemessen. Halten wir die Temperaturschwankungen anderer Planeten dagegen, merken wir, dass die Unterschiede zwischen dem Mars zum Beispiel und der Erde gar nicht so unterschiedlich sind. Immerhin kann es auf dem Mars bei Spitzengraden wärmer werden als die durchschnittliche Oberflächentemperatur der Erde.

Die Oberfläche der Erde besteht zu 71 Prozent aus Wasser, Landmassen machen demzufolge nur 29 Prozent aus. Woher dieses Wasser stammt, ist bisher nicht vollständig geklärt. Manche Theorien vermuten, dass das Wasser aus dem Erdinneren stammt und als Resultat vulkanischer Aktivität als Wasserdampf ausgegast ist. Eine weitere Theorie besagt, dass wasserreiche Meteoriten und Asteroiden auf der Erde einschlugen und so das Wasser auf unseren Planeten brachten.

Der Erdkern besteht aus zwei Teilen: Dem äußeren, flüssigen Erdkern und dem inneren, festen Erdkern. Beiden gemein sind die hohen Temperaturen, die dort herrschen.

Der äußere Kern besteht im Wesentlichen aus Eisen und Nickel. Da die dort herrschenden Dichteverhältnisse nicht zu den Eigenschaften dieser beiden Metalle passen, ist davon auszugehen, dass in geringeren Anteilen auch andere Elemente vorhanden sein müssen. Welches Element das genau ist, ist von Theorie zu Theorie unterschiedlich. Generell favorisiert die Forschung, dass es sich hierbei um Silizium und Sauerstoff handeln könnte. Andere Elemente wie Schwefel, Kohlenstoff und Wasserstoff könnten dort ebenfalls vorhanden sein. Die Zusammensetzung des inneren Kerns ist bekannt. Das glühende und feste Zentrum unseres Planeten besteht zu 80 Prozent aus Eisen, die restlichen 20 Prozent machen Nickel aus. Dieses „Rezept" kennen wir bereits von anderen Planeten. Die „Schwester" der Erde – die Venus – besitzt einen Kern mit einer gleichen Zusammensetzung. Im Inneren der Erde entsteht das Magnetfeld, das den Planeten vor dem für Organismen schädlichen Sonnenwind beschützt. Von der Bedeutung des Magnetfeldes haben wir bereits in den ersten Kapiteln erfahren. Ohne diesen Schutzschirm hätte sich das Leben auf der Erde niemals entwickeln können.

Der innere und äußere Erdkern werden vom Erdmantel umgeben, der sich ebenfalls in einen oberen und unteren Teil unterscheiden lässt. Im Allgemeinen besteht der Erdmantel aus zwei Verbindungen. Mit etwa 46 Prozent stellt Siliziumoxid den bedeutenden Teil des Mantels. Ein weiteres gutes Drittel macht Magnesiumoxid aus (etwa 38

Prozent). Weitere Bestandteile sind Eisenoxid, Aluminiumoxid, Magnesiumoxid und Calciumoxid. Ferner finden wir auch Kaliumoxid.

Die Erdkruste umschließt den Mantel. Sie ist praktisch das, was wir als Erdoberfläche bezeichnen. Es gibt zwei Unterschiede: Die ozeanische und die kontinentale Kruste, die sich hinsichtlich ihrer Zusammensetzung und Dichte stark unterscheiden. Einfach ausgedrückt finden wir die ozeanische Kruste dort, wo die Oberfläche von Wasser bedeckt ist und die kontinentale Kruste an jenen Stellen, an denen sich Landmassen befinden – so die einfachste Definition. Generell ist die ozeanische Kruste dort entstanden, wo tektonische Platten auseinanderdriften. Dort gelangt Magma an die Oberfläche, erkaltet und bildet schließlich diese besondere Art der Oberfläche. Im Wesentlichen unterscheiden sich die zwei Arten nicht voneinander. Sie bestehen zum größten Teil aus Silizium und Sauerstoff. Im Detail lassen sich dennoch Unterschiede feststellen: Die ozeanische Kruste besitzt einen höheren Anteil an Magnesium, die kontinentale einen erhöhten Anteil an Aluminium. In niedrigen Prozentzahlen herrscht in Bezug auf die Zusammensetzung der Erdkruste im Gesamten ein hoher Anteil verschiedener Elemente. Fast alle der uns bekannte Elemente finden sich in der Kruste wieder. Dass die Erde zwei Formen von Kruste besitzt, ist jedoch nicht alltäglich. Bei der Erforschung der anderen

Planeten wurde dieses Phänomen bisher nur auf der Erde festgestellt.

Bei der Reise durch unser Sonnensystem haben wir nicht nur die Planeten genauer betrachtet, sondern auch deren Monde, vor allem diejenigen, die gewisse Besonderheiten besitzen. Auch der Mond unserer Erde ist etwas Besonderes: Er ist der einzige Mond, den wir haben. Schon früh in der Geschichte der Menschheit faszinierte uns die große helle Scheibe am Himmel. Durch diese Anziehungskraft, die relative Nähe und die wissenschaftlichen Erkenntnisse kommt dem Mond eine weitere Bedeutung für uns Menschen bei. Schließlich ist dies der einzige Himmelskörper neben der Erde, den je ein Mensch betrat.

Der Aufbau des Mondes ist nicht minder interessant. Während wir über die Atmosphäre des Mondes schon in den vorherigen Kapiteln einiges erfahren haben, blicken wir nun auf seine Zusammensetzung. Die Oberfläche besteht aus Regolith, einer Oberflächenstruktur die durch äußere Einflüsse zerstört und praktisch „zerbröselt" ist. Dieses Regolith liegt locker auf der Oberfläche und ist durch die Einschläge von Meteoriten entstanden, die seit Millionen von Jahren ungebremst auf den Mond niedergehen. Das Gestein der Meteore vermischt sich so mit dem ursprünglichen Gestein. Diese Mischung wird trivial nur Mondgestein (oder Mondstaub) genannt und besteht aus vielen verschiedenen Elementen. Etwa die Hälfte des

Mondregoliths macht Silizium aus. Weitere Bestandteile sind Aluminium, Kalzium, Magnesium, Eisen, Natrium und Kalium. Eine Besonderheit ist das Vorkommen von Titan, wenn auch nur in geringer Häufigkeit. Es besteht die These, dass sich unter der Mondkruste eher exotische Elemente befinden. Vermutet wird ein Vorkommen von Seltenen Erden. Auch im Regolith selbst können wir auf Besonderheiten stoßen. So hat das Vorkommen von Helium-3, einem stabilen Isotop des Heliums, das besondere Interesse der Wissenschaft auf sich gezogen. Dieses auf der Erde sehr seltene Isotop findet in der Kryo- und Medizintechnik Verwendung. Oftmals wird es in der Science-Fiction so dargestellt, dass auf dem Mond Helium-3 in Massen vorhanden sein soll. Das ist jedoch nicht der Fall. Auch wenn Helium-3 auf unserem Satelliten häufiger vorkommt als auf der Erde, bedeutet dies nicht, dass es auf dem Mond im wahrsten Wortsinn häufig vorkommt. Helium-3 ist eine grundsätzlich recht seltene Verbindung, und das gilt auch für den Mond.

- Kapitel 9 -

EXOPLANETEN UND PLANEMOS

Nach diesem kleinen Blick auf die Planeten unseres Sonnensystems stellen wir uns ganz zwangsläufig die Frage: War es das schon? Bei den Abermillionen von Sternen muss es schließlich auch entsprechend viele verschiedene Planeten geben. Die Antwort lautet ja. Zumindest mittlerweile. Denn für lange Zeit herrschte die Theorie vor, dass unser Sonnensystem ganz und gar einzigartig ist. Bereits im Jahre 1989 wäre diese These widerlegt worden. Aber nur beinahe. Astronomen fanden um den Stern Gamma Cephei b tatsächlich einen extrasolaren Planeten, also ein Objekt, das sich um einen anderen Stern als unsere Sonne bewegt. Aufgrund von Ungenauigkeiten damaliger Messgeräte wurde die Idee nur drei Jahre später wieder verworfen und die Entdeckung zurückgenommen. Man einigte sich darauf, dass es sich bei dem beobachteten Objekt „nur" um einen Brauen Zwerg handeln könnte. Zehn Jahre später wurde aber auch dies revidiert: Mittlerweile stand durch neueste Messungen fest, dass es sich tatsächlich um einen echten Planeten handelt. Auch seine Charakteristika konnten beschrieben bzw. errechnet werden. Der Exoplanet (also ein Planet, der sich nicht um unsere Sonne dreht, sondern um einen anderen Stern) ist ein echter Riese mit der 1,6fachen Masse unseres Jupiters. Außerdem braucht er etwa 900 Tage, um seinen Stern zu umrunden.

Der erste Exoplanet, der auch definitiv als solcher bezeichnet werden kann, wurde 1995 entdeckt. Schweizer Astronomen machten den Planeten 51 Pegasi b aus, der sich um den gleichnamigen Stern 51 Pegasi dreht. Diese sensationelle Entdeckung bescherte den beiden Forschern Michael Mayour und Didier Queloz den Nobelpreis für Physik. Nach einem Wettbewerb zur Namensfindung taufte man den Planeten auf den Namen Dimidium. Dies ist lateinisch und bedeutet in etwa „Die Hälfte“. Diesem Namen liegt ein physikalischer Aspekt zu Grunde. Denn Dimidium besitzt in etwa die halbe Masse des Jupiters. Entdeckt wurde der Planet mittels eines Spektrographen, der eine minimale Schwankung der Radialgeschwindigkeit des Sterns 51 Pegasi ausmachte. Das ließ nur den Rückschluss zu, dass sich in bemerkenswerter Nähe ein massereiches Objekt befinden muss. Der erste Exoplanet war somit entdeckt. Dimidium ist ein Gasplanet und ein so genannter „Hot Jupiter“. Somit gelangen wir gleich zu einer wichtigen Erkenntnis: Unser Sonnensystem bietet zwar einen interessanten Querschnitt verschiedener Typen von Planeten. Aber nun wurde mit Dimidium ein Planet entdeckt, der ziemlich anders als die Gasplaneten unseres Systems ist. Wie die Bezeichnung „Hot Jupiter“ vermuten lässt, ist es auf dem Planeten sehr heiß. Dort herrscht eine

Temperatur von bis zu 630 Grad Celsius und somit völlig andere Verhältnisse. Noch einmal zur Erinnerung: Auf dem Jupiter ist es mit etwa minus 130 Grad Celsius sehr eisig. Mittlerweile wurden einige Exemplare dieser „Hot Jupiters" entdeckt, auch wenn sie sehr selten vorkommen. Dass sie vergleichsweise leicht zu entdecken sind, liegt an ihrer Position. Im Vergleich zu den Gasplaneten unseres Sonnensystems liegen die „Hot Jupiters" um ein Vielfaches näher an ihrer Sonne. Das erklärt auch die glühend heißen Temperaturen.

Seit der Entdeckung von Dimidium setzte ein wahrer Boom bei der Entdeckung von Exoplaneten ein. Bis zum Dezember 2020 wurden 4.379 Planeten in 3.237 Sonnensystemen festgestellt. Die allermeisten davon lassen sich nur indirekt nachweisen. Ein großer Teil wurde mit der Radialgeschwindigkeitsmethode entdeckt, wie es zum Beispiel bei Dimidium der Fall war. Fast drei Viertel der Planeten außerhalb unseres Sonnensystems wurden jedoch mit der Transitmethode entdeckt. Mit einem ähnlichen Verfahren wurde bereits das filigrane Ringsystem des Neptuns nachgewiesen. Die Funktionsweise der Transitmethode ist relativ simpel. Beobachten wir einen Stern von der Erde aus, können wir dessen Helligkeit messen. Zieht ein Planet durch diese Sichtachse, wird die Helligkeit beeinflusst. Der Stern erscheint minimal dunkler. Daneben gibt es eine Vielzahl anderer Methoden zur Entdeckung von Exoplaneten. Die weiteren Methoden zusammen sind jedoch nur für etwa 10

Prozent der entdeckten Planeten außerhalb unseres Sonnensystems verantwortlich. Dennoch ist es bereits gelungen, durch den Einsatz hochauflösender Teleskope Exoplaneten optisch zu beobachten.

Generell waren viele der Exoplaneten recht groß, gerade in der Anfangsphase der Entdeckung. Damals wurden hauptsächlich „Hot Jupiters" und andere Gasplaneten entdeckt. Darunter befinden sich einige Kuriosa mit Eigenschaften, die für uns durchaus als „unvorstellbar" gelten dürfen. Der Gasplanet KELT-9b zum Beispiel. Der zweite Planet des gleichnamigen Sternsystems besitzt eine derart heiße Temperatur, dass dort Elemente wie Eisen und Titan gasförmig werden.

Nach und nach fanden sich auch Planeten, die unserer Erde gar nicht so unähnlich sind. Und selbstverständlich ist es ein erklärtes Ziel der Astronomie, solche Planeten zu entdecken, die der Erde so ähnlich sind, dass sie möglicherweise Leben beherbergen könnten.

Mittlerweile gibt es tatsächlich eine Liste mit vielversprechenden Kandidaten. Der Begriff „erdähnlich" ist jedoch sehr weit gefasst. Auch Merkur ist erdähnlich, dennoch könnte er aufgrund seiner klimatischen Verhältnisse gar nicht unterschiedlicher sein. Im Vergleich zu den großen Gasplaneten verbindet die beiden Planeten trotzdem mehr als sie trennt. Das wichtigste Merkmal: Sie bestehen aus

Gestein und das bildet eine Basis für alle weiteren Überlegungen. In Bezug auf die Ähnlichkeit zur Erde hat die Wissenschaft mit ESI (dem „Earth Similarity Index") eine Möglichkeit zum Vergleich zweier Planeten ins Leben gerufen. Die Skala reicht von 0 bis 1, die Erde hat folglich den Wert 1. Parameter, die in diese Rechnung einfließen, sind Rohdichte und Radius sowie die kosmische Geschwindigkeit und die Temperatur an der Oberfläche. Mit einem ESI von 0,68 ist in unserem Sonnensystem der Mars der Erde am Ähnlichsten. Die beiden Gesteinsplaneten im inneren Sonnensystem besitzen einen ESI-Wert von 0,57 (Merkur) und 0,44 (Venus). Mit 0,18 Punkten ist von allen Planeten der Neptun der unwirtlichste. Ebenfalls wissenswert: Der Mond besitzt einen Wert von 0,56.

Außerhalb unseres Sonnensystems wurden mittlerweile Planeten entdeckt, die der Erde in ihrem Aufbau und ihren Eigenschaften sehr nahe kommen. Einer der vielversprechendsten Kandidaten ist sicherlich der Exoplanet Teegarden b, der um seine Sonne, Teegardens Stern, innerhalb der habitablen Zone kreist. Teegardens Stern ist sehr alt. Astronomen vermuten, dass es sich hier um einen Roten und Brauen Zwerg handelt und somit um einen sehr alten Stern. Das hat auch Einfluss auf die Frage, ob der Exoplanet potentiell bewohnbar wäre. Diese alten Sterne gelten als „ruhig": Generell stehen die Chancen nicht schlecht: Der Gesteinsplanet hat einen errechneten ESI von 0,95 was eine verblüffend hohe Ähnlichkeit zur Erde darstellt. Entdeckt wurde der Planet erst 2015 mittels der Radialgeschwindigkeitsmethode. Auch wenn die erwarteten Eigenschaften von Teegarden b auf Hochrechnungen basieren, könnten die dortigen Zustände denen auf der Erde frappierend gleichen. Der Exoplanet soll etwas größer als unser Planet sein (mindestens 1,05 Erdmassen), eine felsige Oberfläche besitzen und teilweise von Ozeanen aus flüssigem Wasser bedeckt sein. Wissenschaftler vermuten durch seine Nähe zu seinem Stern, dass auf der Oberfläche eine recht komfortable Temperatur von durchschnittlich 28 Grad Celsius herrschen könnte. Auch ein weiterer Aspekt macht den Planeten interessant. Mit einer Entfernung etwa 12,5 Lichtjahren ist Teegardens Stern der drittnächste Stern von unserer Sonne.

Ganz anders sieht es da bei dem Exoplaneten K273-e aus. Sein Stern, K273, befindet sich in einer Entfernung von 227 Lichtjahren und ist somit schier unerreichbar. Interessant ist er mit einem ESI-Wert von 0,90 trotzdem. Der Planet gilt zwar als erdähnlich, es gibt jedoch wichtige Unterschiede zu unserer Erde. K273-e besitzt keine Eigenrotation – so vermuten es zumindest Forscher. Denn durch seine große Distanz lassen sich nur Theorien über seine Charakteristika anstellen. Durch diese gebundene Rotation ist der Planet zweigeteilt. Auf einer Seite herrscht ewige Nacht, auf der anderen ist immer Tag. In den jeweiligen Hälften sind die Temperaturunterschiede extrem. Die Besonderheiten liegen in den Zonen, die sich stets im Zustand der

Dämmerung befinden. Dort könnten ausgeglichene Temperaturen herrschen, die die Existenz von flüssigem Wasser ermöglichen könnte. Das ist jedoch nicht die einzige Möglichkeit, warum K273-e bewohnbar sein könnte: Ist die Atmosphäre des Planeten dick genug, könnte diese die Hitze der sonnenzugewandten Seite transportieren, was auf der Nachtseite für eine Erwärmung sorgen könnte. Das bedeutet, dass etwa die Hälfte des Planeten bewohnbar sein könnte, was einerseits sehr spannend, aber auch kurios anmutet.

In einer Entfernung von 40 Lichtjahren zur Erde umkreist der kleine Felsplanet Trappist-1d seinen Stern, bei dem es sich vermutlich um einen Roten Zwerg handelt. Obwohl über seine atmosphärische Zusammensetzung bislang noch nichts bekannt ist, liegt der Planet zumindest in der habitablen Zone und soll eine mittlere Oberflächentemperatur von 15 Grad Celsius haben. Es wird vermutet, dass dort ein stark ausgeprägter Treibhauseffekt wirkt und dadurch ein großer Teil möglicher Ozeane aus flüssigem Wasser verdampfte. Dennoch sollen Restbestände von Wasser vorhanden sein. Ebenfalls wie K273-e besitzt Trappist-1d eine gebundene Rotation mit einer festen Tag- und Nachtseite. Auch hier vermutet die Wissenschaft mittlere Temperaturen in dieser Übergangszone. Ob und wie der Exoplanet wirklich bewohnbar sein könnte, liegt am Ende jedoch an der Zusammensetzung seiner Atmosphäre. Sein ESI-Wert beträgt 0,90.

Proxima Centauri b ist der nächste erdähnliche Exoplanet, der bislang entdeckt wurde. Von unserer Sonne aus beträgt seine Entfernung – beziehungsweise die seines Sterns Proxima Centauri – lediglich 4,2 Lichtjahre. Das ist in den Maßstäben des Universums lediglich ein Katzensprung und der Grund, warum der Exoplanet für uns sehr interessant ist. Der Planet wurde 2016 entdeckt und besitzt in etwa die 1,1fache Erdmasse. Ob und wie dieser relativ erdnahe Exoplanet bewohnbar wäre oder gar Leben hervorbringen könnte, ist bislang nicht hinreichend geklärt. Weder die Zusammensetzung seiner Atmosphäre, noch die wirklichen Auswirkungen seiner Sonne sind bekannt. Auch über die Temperaturen wissen wir wenig. Im Allgemeinen wird vermutet, dass es auf Proxima Centauri b sehr kalt sein könnte. Es könnte eine Temperatur von bis zu minus 73 Grad Celsius herrschen. Das gilt zumindest auf der Nachtseite, denn auch dieser Exoplanet besitzt eine gebundene Rotation. Besteht jedoch eine dicke Atmosphäre könnte diese die Temperaturen verteilen. So könnte es durchaus sein, dass die Temperaturen angenehmer als vermutet sein könnten. Der ESI-Wert dieses Planeten beträgt 0,87.

Ein besonders spannender Kandidat ist der Exoplanet Ross 128 b, der als zweitnächster Planet von der Erde gilt. „Nah" beschreibt in diesem Zusammenhang trotzdem eine für unsere Begriffe ungeheure Entfernung. Ross 128 b befindet sich in einer Entfernung von elf Lichtjahren zur Erde und somit doppelt so weit entfernt wie Proxima Centauri b. Ross 128 b ist ein großer Planet. Er besitzt mindestens die Masse von 1,35 Erden und kommt auf einen Wert von 0,86 auf der ESI-Skala. Ein Faktor für relative Ähnlichkeit zur Erde ist die Temperatur. So soll der Planet eine Temperatur von etwa 7 Grad Celsius aufweisen. Wie hoch die Gradzahlen wirklich sind, lässt sich nicht abschließend sagen. Denn da spielt auch die Atmosphäre eine entscheidende Rolle, über dessen Zusammensetzung und Dichte lassen sich bisher jedoch keine Aussagen treffen. Wie alle anderen Exoplaneten, die wir bisher betrachtet haben, besitzt Ross 128 b eine gebundene Rotation. Durch seine Nähe zu seinem Stern könnte möglicherweise vorhandenes Wasser auf der Sonnenseite verdampfen. Eine dichte Atmosphäre könnte aber auch in diesem Fall für eine homogene Verteilung sorgen.

Nach dieser kurzen Betrachtung der Exoplaneten fällt uns gleich ein wesentlicher Unterschied zu unserer Erde ins Auge. Die Eigenrotation unseres Planeten scheint eine echte Ausnahmeerscheinung zu sein. Und eine sehr Wichtige: Schließlich führt sie dazu, dass die Erde flächendeckend bewohnbar ist und nicht nur auf einer Seite. Vielmehr scheint die gebundene Rotation im Universum viel häufiger zu beobachten zu sein. Natürlich bestehen viele Gemeinsamkeiten. So kreisen scheinbar alle Planeten um ihren Stern. Das ist entscheidend, denn nur so können wir überhaupt von einer potentiellen Bewohnbarkeit sprechen. Aber ist es wirklich so, dass alle Planeten um einen Stern kreisen müssen? Nein, denn es gibt Ausnahmen. Tatsächlich ist das nicht die Regel, aber von solchen Einzelgänger-Planeten wurden bereits einige entdeckt. Diese Objekte, die gravitativ nicht an einen Stern gebunden sind nennt man „Objekt planetarer Masse" oder kurz Planemo („Planetary Mass Object"). Die Bezeichnung veranschaulicht recht gut, was damit gemeint ist. Genauer gesagt werden so Objekte bezeichnet, die eine höhere Masse als Asteroiden besitzen aber eine Geringere wie die kleinsten Sterne. Dazwischen befinden sich Planeten, die eine vergleichbare Masse wie die Planeten besitzen, die wir bereits kennen. Grundsätzlich fallen somit im ursprünglichen Sinn der Bezeichnung alle Planeten in diese Kategorie. Wird jedoch von Planemos gesprochen, ist meist ein „vagabundierender" Planet genannt, der frei und ohne Einfluss äußerer Anziehungskraft ist. Die Forschung ist hier noch ziemlich am Anfang. Die Unterscheidung, ob es sich um Planemo oder Sterne – in der Regel Braune Zwerge – handelt ist nicht leicht. Oft ist die Grenze fließend, zumindest wenn es um die Masse geht. Einer der wohl spannendsten Planemos ist WISE 0855-0714 in einer Entfernung von circa 7,5 Lichtjahren von der Erde. Das Besondere an WISE 0855-0714 ist, dass das Objekt direkt beobachtet werden kann und sich deutlich von seiner Umgebung abgrenzt. Denn: Es bewegt sich und zwar ziemlich schnell. Nach den beiden Sternen Barnards Stern und Kapteyns Stern bewegt er sich am Drittschnellsten. Doch was genau hat es mit WISE 0855-0714 auf sich? Viele Details sind uns unbekannt. Auch über die Masse gibt es lediglich Schätzungen. So soll WISE 0855-0714 eine Masse von mindestens drei aber höchsten zehn Jupitermassen besitzen. Um als Stern zu gelten, müsste das Objekt eine Masse von mindestens dreizehn Jupitermassen aufweisen. Diese Masse wird benötigt, um die Fusion von Deuterium in Gang zu bringen, einem wichtigen Merkmal für die Klassifizierung als Stern. So ist es letztendlich nicht geklärt, was genau WISE 0855-0714 nun wirklich ist. Die Temperaturen, die dort herrschen sollen, sprechen eher für einen Planemo. Mit geschätzten minus 13 bis minus 43 Grad Celsius wäre es für die Verhältnisse eines Sterns etwas kühl. Eine weitere interessante Erkenntnis erlangte die Wissenschaft durch eine Untersuchung per Infrarotaufnahmen. Diese legten nahe, dass es auf WISE 0855-0714 Wolken aus Wasserdampf geben könnten. Letztendlich bleibt eine Definition unklar und unter Forschern herrscht kein Konsens über das, was WISE 0855-0714 wirklich ist.

Als „echter" Planemo gilt Cha110913–773444. Das Objekt mit einer Masse von acht Jupitermassen wurde 2005 entdeckt und ist für einen Braunen Zwerg deutlich zu leicht. Dieser Planemo ist nicht an einen Stern gebunden und liegt inmitten einer Scheibe aus Gas und Staub. Innerhalb dieser Scheibe könnten sich Satelliten bilden. In der Zukunft könnte Cha110913−773444 das Zentrum eines kleinen Planetensystems darstellen. Vergleichbare Objekte werden nur selten gefunden und deren Klassifizierung ist aufgrund der unklaren Kenntnislage über deren Massen meist sehr unsicher. Da sie selbst kein Licht aussenden und nicht das Licht eines nahen Sterns reflektieren, ist über die Häufigkeit der Einzelgänger-Planeten in unserem Universum nur zu spekulieren. Gemeinhin wird jedoch angenommen, dass sie sehr häufig sind. Die Anzahl dieser Objekte wird auf etwa 500 Milliarden geschätzt und dies allein innerhalb der Milchstraße. Das bedeutet, dass in dieser Galaxie Planemos etwa doppelt so häufig vorkommen wie „normale" Sterne. Jetzt ist es nur noch Aufgabe der Wissenschaft, diese zu entdecken.

- Kapitel 10 -

Meteore, Kometen, Asteroiden

Es gibt Begriffe aus der Astronomie, bei denen wir Menschen dazu neigen, sie immer wieder durcheinander zu bringen. Sprechen wir von Meteoroiden, Meteoriten, Kometen und Asteroiden, meinen wir umgangssprachlich eigentlich immer das Gleiche: Einen Steinbrocken, der ziellos durch das Universum treibt, um irgendwann auf einem Planeten einzuschlagen, der hoffentlich nicht die Erde ist.

Ein Meteoroid ist in dieser Aufzählung wohl der verbreitetste Vertreter – auch wenn uns das gar nicht bewusst ist. Meteoroiden sind sehr kleine Asteroiden und bestehen aus Gesteinsbröckchen von wenigen Millimetern. Wir kennen sie alle: Tritt ein Meteorid in die Atmosphäre der Erde ein, verglüht er und wird zur Sternschnuppe. Mit „Meteor“ ist jedoch ausschließlich die Lichterscheinung als solches gemeint, für die die Meteoroiden verantwortlich sind. Besonders helle Meteore werden Feuerkugeln genannt. Und dann gibt es noch den Meteoriten: Dies bezeichnet einen Meteoriden, der innerhalb der Erdatmosphäre nicht vollständig verglüht und folglich auf der Erdoberfläche einschlägt. Die Masse dieser Brocken kann sich erheblich unterscheiden. Es gibt Meteoriten mit einem Gewicht von vielen Tonnen. Ein überwiegender Teil dieser Meteoriten stammt nicht aus den Weiten des Universums, sondern haben ihren Ursprungsort innerhalb unseres Sonnensystems. Die Wissenschaft unterteilt zwischen differenzierten und undifferenzierten Meteoriten. Diese Unterscheidung lässt sich anhand der Elemente treffen, aus denen ein solches Objekt besteht. Die differenzierten Meteoriten waren meist Teile von Asteroiden und enthalten beispielsweise Eisen und Nickel. Diese Meteoriten sind eher selten. Der bedeutende Teil der Meteoriten, die bereits untersucht werden konnten, sind undifferenzierte Meteoriten und werden auch Gesteinsmeteoriten genannt. Sie bestehen aus Elementen, die durch Kernfusion entstanden sind. Da diese Elemente sehr alt sind, liefern sie spannende Hinweise auf die Entstehung unseres Sonnensystems.

Die meisten Meteoriden sind Trümmer von Asteroiden. Sie entstehen durch Kollisionen zwischen zwei Asteroiden. Die Meteoriden wurden wortwörtlich aus Asteroiden herausgeschlagen und verließen ihren Ursprungsort, der meistens der Asteroidengürtel zwischen Mars und Jupiter ist. Es ist ebenfalls nachgewiesen worden, dass Meteoriden aus Mond- oder Marsgestein bestehen können. Dies ist möglich, wenn ein großer Asteroid auf deren Oberfläche einschlägt und so Gestein entrissen wird.

Im Durchschnitt landen 6,6 Meteoriten pro Jahr auf der Erde. In Wahrheit ist die Zahl aber viel höher. Denn wenn wir den Fall nicht beobachten, bekommen wir den Einschlag überhaupt nicht mit, zum Beispiel dann, wenn der Meteorit in einen Ozean fällt. Grundsätzlich herrscht nicht immer „Getöse", wenn ein Meteorit niedergeht. Selbst dann nicht, wenn der Gesteinsbrocken auf eine Landfläche trifft. Nicht immer kommt es zu einem Leuchten und auch der Einschlag verläuft weitestgehend geräuschlos. Somit ist das Aufspüren eines „frischen" Meteoriten immer mit einer gewissen Portion Glück verbunden.

Doch Ausnahmen bestätigen die Regel: Als an einem Februarmorgen im Jahre 1947 der Eisenmeteorit „Sikhote-Alin" über Ostsibirien in die Atmosphäre eintrat, betrug seine geschätzte Masse bis zu 200 Tonnen. Der Meteorit raste mit 50.000 km/h auf die Erde zu und entwickelte sich innerhalb der Atmosphäre zu einem gigantischen Feuerball, den viele Menschen beobachteten. Die Einschlagsstelle mit einem Durchmesser von 30 Metern wurde von der Luft aus entdeckt. Der Meteorit zerplatzte förmlich beim Aufschlag in Splitter mit scharfen Kanten. Dies liegt zum einen an der gewaltigen Aufschlagsgeschwindigkeit, zum anderen an dem festen, gefrorenen Boden Sibiriens. Seine Bestandteile, die zu 93 Prozent aus Eisen bestehen, verteilten sich in einem Gebiet von vier mal zwölf Kilometern. In der spärlich besiedelten Region gab es keinen nennenswerten Schaden an der Infrastruktur. Aber: Wäre „Sikhote-Alin" in einer

Stadt eingeschlagen, wären die Zerstörungen enorm. Dies war zum Glück nicht der Fall. Dennoch sind die Spuren heute noch sichtbar. Es werden auch weiterhin Bruchstücke gefunden. Insgesamt wurden 30 Tonnen Eisen aus 8.000 einzelnen Splittern gefunden. Das größte Bruchstück wiegt fast zwei Tonnen. Da der „Sikhote-Alin" zu großen Teilen aus Eisen (sowie Nickel mit 5,9 Prozent) bestand, stammt er mit ziemlicher Sicherheit aus dem Asteroidengürtel. Diese Theorie wurde gestützt aus Berichten von Augenzeugen, aus denen die Flugbahn des Meteoriten berechnet werden konnte.

Von Asteroiden haben wir nun mehrfach gehört. Doch was ist genau der Unterschied zwischen Meteoriden und Asteroiden? Grundsätzlich gilt: Asteroiden befinden sich in einer festen Umlaufbahn um unsere Sonne, also verhalten sie sich genauso wie Planeten. Deshalb werden sie auch als Planetoiden oder Kleinplaneten bezeichnet und besitzen etwa die 0,01- bis 0,1-fache Masse der Erde. Sie bestehen aus Gestein und Metall, sind jedoch größer, als das, was wir als Sternschnuppen auf der Erde beobachten können. Manche besitzen einen Durchmesser von bis zu 100 Kilometern – diese Größenverhältnisse sind jedoch die Ausnahme.

Asteroiden sind zahlreich und wir kennen rund eine Million dieser Brocken im All. Die Dunkelziffer wird jedoch groß sein. Manche Forscher vermuten, dass sich im Asteroidengürtel zwischen Mars und Jupiter – dem Ursprungsort aller Asteroiden im Sonnensystem – knapp 10 Millionen Asteroiden befinden. Dieser so genannte Hauptgürtel ist mit einem Teleskop oder – je nach Witterungsverhältnissen – bereits mit einem Fernglas recht gut zu beobachten. Über viele Jahre herrschte die Auffassung vor, dass dieser Gürtel der Überrest eines zerstörten Planeten sei, der einst seine Bahn genau zwischen Jupiter und Mars um die Sonne zog. Dies ist jedoch nicht der Fall. Vielmehr bestehen die dortigen Asteroiden aus einem Grundmaterial, aus dem auch die Planeten entstehen. Sie stammen aus einer Zeit, als sich das Sonnensystem formte. Dieses Material besteht nicht aus massiven „Felsklumpen" sondern eher ähnlich eines Geröllhaufens. Nicht alle dieser Ansammlungen aus Stein und Metall stammen aus dem Hauptgürtel. Es wurden auch Asteroiden gefunden, die aus dem Kuipergürtel stammen. Dieser Gürtel befindet sich außerhalb der Bahn des Neptuns; deshalb nennen wir solche Asteroiden auch transneptunische Objekte. Werden diese aus ihrer Bahn gebracht, kommt uns die große Masse des Jupiters zu Gute. Viele solcher Asteroiden werden von der Gravitation des Gasriesen angezogen und somit abgefangen. Bisher wurde erst ein Asteroid entdeckt, der nicht aus unserem Sonnensystem stammt. 1L/`Oumuamua passierte unser Sonnensystem im Oktober 2017. Woher er stammt, ist nicht bekannt, nach einer Ablenkung seiner Bahn fand eine

„Kurskorrektur" in Richtung des Sternbildes Pegasus statt. 1L/`Oumuamua wird somit unser Sonnensystem wieder schadlos verlassen.

Ein Asteroid, ganz egal woher er nun stammt, birgt immer eine potentielle Gefahr für die Erde und somit auch für uns. Denn mitunter kreuzen Asteroiden die Bahnen der inneren Planeten und somit auch der Erde. Je nach Größe des Objekts hat ein Einschlag für die Erde katastrophale Folgen. Große Asteroiden können zu „Global Killern" werden, die in der Erdgeschichte bereits eine große Rolle spielten. Ein solcher Impact kann ein Massenaussterben auslösen. Die Erdgeschichte zeigt, dass dies bereits geschehen ist. Vor 66 Millionen Jahren soll ein 10 bis 15 Kilometer großer Asteroid auf der Halbinsel Yucatan im heutigen Mexiko eingeschlagen sein. Der hatte den Chicxuclub-Krater mit einem Durchmesser von etwa 180 Kilometern zur Folge und besiegelte das Schicksal der Dinosaurier. Der Einschlag hatte in der Kurzfassung Erdbeben, Tsunamis, Feuersbrünste und einen massiven Kälteeinbruch zur Folge – und das weltweit. Diese Auswirkungen überlebte ein bedeutender Teil von Flora und Fauna nicht.

Auch heute wären die Folgen eines solchen Einschlags katastrophal. Doch da die zeitlichen Abläufe im Universum für unsere Begriffe sehr gemächlich sind, ist die Wahrscheinlichkeit, dass wir den Einschlag eines solchen „Killers" auf der Erde miterleben, sehr gering. Im Jahre 2095 wird diese Möglichkeit am ehesten Realität. Der Asteroid 2010 RF12 kommt uns dann sehr nahe und die Wahrscheinlichkeit eines Einschlags wird auf 6,25 Prozent geschätzt. Das ist vergleichsweise hoch.

Der Asteroid hat aber nur einen Durchmesser von acht Metern und wird im Falle einer starken Annäherung zu einem großen Teil in der Atmosphäre verglühen. Anders sieht es mit (29075) 1950 DA2 mit einem Durchmesser von zwei Kilometern aus. Durch seine Masse besteht für die Erde durchaus Gefahr; die Wahrscheinlichkeit eines Einschlags beträgt 0,33 Prozent. Das ist immer noch relativ hoch, aber Grund zur akuten Besorgnis gibt es trotzdem nicht. Der Asteroid (29075) 1950 DA2 wird erst in rund 860 Jahren der Erde nahekommen.

Das Objekt, das den Chicxuclub-Krater verursachte, muss nicht zwangsläufig ein Asteroid gewesen sein. Es besteht ebenfalls die Möglichkeit, dass es sich um einen Kometen handelte. Genau wie Asteroiden, bestehen Kometen aus Geröll. Meist sind sie etwas kleiner und die Zusammensetzung ist eine andere. Kometen sind praktisch Eishaufen. Sie entstehen jenseits der Neptunbahn und haben ihre Heimat im Kuipergürtel oder der Oortschen Wolken, deren Existenz jedoch nicht belegt ist. Dort ist es ausreichend kalt, sodass Wasser, Methan, Ammoniak, Kohlenwasserstoff und andere Verbindungen zu Eis gefrieren. Nähern sich diese

Objekte den inneren Planeten, geraten sie in den Einflussbereich des Sonnenwindes. Das Eis schmilzt und dieser Prozess bildet den charakteristischen Kometenschweif. Dabei verliert der Komet Masse, er löst sich praktisch auf. Der Verlust an Material ist enorm. Pro Sekunde kann ein Komet bis zu 50 Tonnen seiner Substanz verlieren. Dieser Prozess ist manchmal mit bloßem Auge sichtbar. Den Auflösungsprozess des Kometen Halse-Bopp im Jahr 1997 konnten wir gut von der Erde aus betrachten.

Dass auch Kometen für unseren Planeten gefährlich werden können, liegt an deren Kern, der aus kompaktem Eis und Geröll besteht, der sich aufgrund gravitativer Effekte nicht auflöst und somit bestehen bleibt. Ein Beispiel dafür ist der Komet Halley, der in einer gewissen Regelmäßigkeit an der Erde vorbeirauscht. Sein eindrucksvoller Schweif ist den Menschen bereits seit der Antike bekannt und passiert im Durchschnitt etwa alle 75 Jahren die Erde.

Einen gewaltigen Unterschied zwischen Kometen und Asteroiden macht deren Häufigkeit aus, obwohl sie aus der Ferne beobachtet nicht immer klar voneinander abgrenzbar sind. Es gibt somit eine ausgedehnte Grauzone, wenn es um die Möglichkeiten der Definition geht. Zwar wird angenommen, dass es Milliarden von Kometen geben muss; dennoch sind uns weit mehr Asteroiden bekannt. Einen Überblick lieferte die NASA im Jahr 2014. Zu diesem Zeitpunkt waren 10.713 erdnahe Objekte bekannt, davon

10.619 Asteroiden und nur 94 Kometen. Pro Jahr werden im Mittel zehn neue Kometen entdeckt.

- Kapitel 11 -

SCHWARZE LÖCHER

Eines der größten Geheimnisse unseres Universums stellen wohl Schwarze Löcher dar. Bevor wir uns den Eigenschaften widmen, stellen wir zunächst einmal klar, was ein Schwarze Loch nicht ist. In manchen trivialen Darstellungen wird ein solches Objekt wie eine Art Strudel im Wasser dargestellt, der alles verschlingt, was in seine Nähe kommt. Das ist nicht der Fall, es ist nicht nämlich kein „Loch im Universum“ sondern – wie gerade erwähnt – ein Objekt. Es hat eine Masse und ein Volumen. Das Besondere an einem Schwarzen Loch ist jedoch die Aufteilung. Eine extrem hohe Masse verteilt sich auf ein extrem geringes Volumen und das hat erhebliche Auswirkungen auf den Raum. Und mehr noch: Es hat großen Einfluss auf die Zeit. Durch diese kompakte Masse besitzt ein Schwarzes Loch eine enorme Gravitation, der sich nicht einmal das Licht entziehen und es weder durchlaufen noch verlassen kann. Deshalb ist das „Loch“ auch „schwarz“, also dunkel. Besonders vertraut sind uns Schwarze Löcher dennoch nicht. Sie werfen viele Rätsel auf, zu deren Erklärung maximal Theorien vorherrschen. Das ist auch der Grund, warum Schwarze Löcher eine derart große Faszination auf uns ausüben.

Doch alles der Reihe nach: Wie ein Schwarzes Loch (unter anderem) entstehen kann, haben wir bereits in dem Kapitel über das Ableben von Sternen beleuchtet. Hat ein massereicher Stern alle seine Elemente verbrannt, kommt es zu einer Supernova. Die äußeren Hüllen werden explosionsartig abgestoßen, während die innere Hülle in sich zusammenfällt und einen kompakten Körper bildet. Zum Vergleich: Würde unsere Sonne durch eine Supernova in sich zusammenfallen, wäre der entstandene Körper (das heißt, das Schwarze Loch) nur ein 230.000stel so groß wie ihre jetzige Form und besäße einen Durchmesser von nur sechs Kilometern.

Eine besondere Bedeutung hat der Ereignishorizont, der eine Art Grenze des Schwarzen Loch bildet. Nichts kann diese Grenze durchdringen und die Raumzeit wird auf extreme Art gekrümmt. Wenn ein Astronaut A mit einem Raumschiff diese Grenze durchqueren würde, bekäme er davon gar nichts mit. Für einen anderen Astronauten B der diese Durchquerung in einiger Entfernung zum Ereignishorizont beobachten würde, würde diese Durchquerung unendlich dauern. Somit könnte tatsächlich der Eindruck für Astronaut B entstehen, dass Astronaut A „verschluckt" würde. Er würde langsam verschwinden. Deshalb ist der Begriff „Loch" im sinnbildlichen Sinne nicht falsch. Astronomen sprechen aber von einer Singularität der Raumzeit.

Einen weiteren Einfluss auf die Raumzeit haben rotierende Schwarze Löcher, die sich in einer drehenden Eigenbewegung befinden. Dies hat zur Folge, dass nicht nur das Schwarze Loch gedreht wird, sondern sich die Raumzeit drumherum mit dreht. Sie wird quasi mitgerissen. Das trifft nicht auf alle Schwarzen Löcher zu; ebenfalls sind uns nicht rotierende Schwarze Löcher geläufig. Diese sind kugelförmig und werden wie von einer Schale durch den Ereignishorizont begrenzt.

Laut der Eingangsthese kann nichts ein Schwarzes Loch durchlaufen oder verlassen. Doch es gibt auch andere Meinungen. Eine davon stammt von niemand geringerem als Stephen Hawking. Hawking formulierte den Gedanken, dass Schwarze Löcher Strahlung aussenden. Dieser eigentliche Widerspruch ist nur theoretisch erklärt. Im Wirkungsbereich des Schwarzen Loches sollen Teilchen bzw. Antiteilchen entstehen, Begriffe aus der Quantentheorie. Ein Teilchen soll zurück in das Schwarze Loch fallen, das andere entweicht ins All. Die Energie, die für diesen Prozesse zuständig ist, soll laut Hawking aus dem Gravitationspotential des Schwarzen Lochs stammen. Es wird also Energie abgegeben und somit Masse. Das Resultat wäre, dass das Schwarze Loch nach und nach verschwindet. Dieser Prozess soll jedoch außerordentlich langsam von Statten gehen. Und: Es ist eine reine Theorie. Diese sogenannte Hawking-Strahlung konnte bisher nicht nachgewiesen werden.

Seit jeher versucht die Wissenschaft, Schwarze Löcher in Kategorien einzuteilen. Eine besonders populäre Kategorie sind die „Supermassereichen Schwarzen Löcher". Sie befinden sich im Zentrum einer Spiralgalaxie, dem sogenannten Bulge, von dem wir bereits gehört haben. Wie sie entstanden sind, lässt sich bisher jedoch nicht exakt beschreiben. Fest steht, dass sie gemäß der Bezeichnung eine enorme Masse mit mehreren Milliarden Sonnenmassen besitzen. Ebenfalls sind „mittelschwere Schwarze Löcher" bekannt, die nicht im Galaxiezentrum sitzen. Möglicherweise sind sie durch die Verschmelzung zweier Sterne entstanden. Somit liegt die Vermutung nahe, dass diese Form von Schwarzen Löchern oft in Galaxienhaufen zu entdecken sind. Schwarze Löcher, die bereits während des Urknalls entstanden sind, werden als „primordiale Schwarze Löcher" bezeichnet. Auch hier war es Stephen Hawking, der die Forschung erheblich vorantrieb. Diese Singularitäten sollen also in der unmittelbaren Anfangszeit des Universums entstanden sein. Dies war nur dort möglich, wo Masse und Energie ausreichend vorhanden waren. Besonders groß sollen diese Objekte nicht sein, im Gegenteil. Sie sollen mikroskopische Ausmaße haben und demzufolge praktisch nicht nachweisbar sein. Ihre Existenz ist somit rein hypothetischer Natur.

Generell ist es sehr schwierig, ein Schwarzes Loch zu beobachten, da es weder Licht noch messbare Strahlung abgibt. Somit gelingt die Beobachtung nur indirekt. Ihr

Nachweis gelingt durch die Wechselwirkung mit Materie, die – vereinfacht ausgedrückt – eine messbare elektromagnetische Strahlung zur Folge hat. Sterne, die in den Wirkungsbereich eines Schwarzen Loches geraten, setzen außerdem Röntgenstrahlung frei.

Über das Schwarze Loch im Zentrum unserer Galaxie – der Milchstraße – konnten wir einige Erkenntnisse sammeln. Es wurde auf den Namen Sagittarius A getauft und emittiert Radiowellen. „Unser" Schwarzes Loch besitzt in etwa eine Masse von 4,3 Millionen Sonnenmassen und befindet sich von der Erde aus betrachtet in einer Entfernung von fast 27.000 Lichtjahren.

- Kapitel 12 -

Leben im Universum

Es gibt wohl kaum eine Frage, die die Menschheit mehr beschäftigt, als die, ob wir alleine im Universum sind. Gibt es dort draußen im Weltall andere Lebensformen? Und falls ja: Sind sie gar intelligent? Diese ungelösten Fragen beschreiben wohl eines der größten Geheimnisse des Universums. Nicht ohne Grund findet der Gedanke, dass es (intelligente) Außerirdische geben könnte, einen großen Anklang in Kunst und Kultur. Jeder kennt die Science-Fiction-Filme, in deren Geschichten uns Außerirdische besuchen. Meist endet dies in einer Katastrophe. Denn die dargestellten Aliens sind uns nicht nur technisch haushoch überlegen, sondern auch ausgesprochen feindselig. Eine Invasion ist die Folge, die die Menschheit meist mit einiger Mühe gerade so abgewendet bekommt. Aber auch andere Darstellungen sind möglich. Manche fiktionalen Geschichten beschreiben auch eine friedliche Koexistenz und einen Austausch von Wissen. Egal, wie es dargestellt wird: Dass ein solches Szenario wirklich stattfindet, ist sehr unwahrscheinlich. Denn die Frage nach anderen Lebensformen im Universum ist eine, auf die wir bisher keine Antwort kennen. Es ist jedoch gewiss, dass die unmittelbaren Nachbarplaneten kein intelligentes Leben beherbergen.

Noch im 19. Jahrhundert war der Mars Gegenstand reichhaltiger Diskussionen in Forscherkreisen. Dass es dort hochentwickelte und dem Menschen recht ähnliche Lebensformen geben soll, war eine ernsthafte Theorie.

Aber: Die Invasion vom Mars wird wohl nicht stattfinden. Dennoch haben wir bereits erfahren, dass auf den Objekten in unserem Sonnensystem durchaus die Möglichkeit auf einfachstes Leben besteht. Gerade der Titan ist dafür ein heißer Kandidat. Aber einen Beweis bleibt die Wissenschaft dennoch schuldig.

Als Argument für die Existenz von Leben außerhalb unseres Sonnensystems werden die unfassbar großen Dimensionen des Universums angebracht. Es gibt Milliarden von Galaxien mit Abermilliarden von Planetensystemen – warum sollten dort die Abläufe nicht ähnlich verlaufen wie die Evolution auf unserer Erde? So klingt es durchaus logisch, dass auf anderen (Exo-)Planeten zumindest mikroskopische Organismen existieren könnten. Bereits bei der Betrachtung der Bedingungen der Planeten unseres Sonnensystems könnten wir schon dort fündig werden. Schließlich wurden auch auf der Erde kleinste Organismen in eigentlich lebensfeindlichen Umgebungen gesichtet, so zum Beispiel in stark salzhaltigen Seen oder in der dunkelsten Tiefsee, in der Lichtarmut und hohe Druckverhältnisse herrschen.

Wie sieht es jedoch wirklich in den Tiefen des Weltraums aus, wenn es um intelligentes Leben geht? Um die Wahrscheinlichkeit festzustellen, ob und wie viele hochentwickelte außerirdische Zivilisationen es geben könnte, schuf der amerikanische Astrophysiker Frank Drake Anfang der 1960er Jahre die nach ihm benannte Drake-Formel. Sie soll beschreiben, wie viele Zivilisationen es gibt, die zu interstellarer Kommunikation fähig sind und dies überhaupt wollen. Drake zog darin eine Vielzahl von weiteren Faktoren heran: Die Anzahl aller Galaxien, die Häufigkeit von Exoplaneten innerhalb der habitablen Zone eines Sterns usw. Die Gleichung ist ziemlich umstritten, denn viele Faktoren sind unbekannt. Das Ergebnis – insbesondere neuerer Betrachtungen – ist recht ernüchternd. Die Wahrscheinlichkeit, auf eine solche Zivilisation zu treffen, wird als ziemlich gering erachtet. Problematisch ist insbesondere das Zeitfenster im Kontext eines uralten Universums. Nur weil das Universum seit Milliarden Jahren besteht, bedeutet dies nicht, dass eine Zivilisation nennenswert lange besteht, um gleichzeitig mit der Menschheit zu existieren. Kurzum: Wird die Drake-Gleichung angepasst angewandt, beträgt die Chance, dass es auf einem Planeten zu der Entwicklung einer technisch versierten Zivilisation kommt, eins zu einer Quadrillion. Das ist eine 1 mit 24 Nullen – die Chance ist somit außerordentlich gering. Das Ergebnis sagt jedoch noch etwas anderes aus: Die Wahrscheinlichkeit ist nicht gleich null. Folglich müsste es andere entwickelte Spezies im

Universum geben, nur wären sie extrem selten. Dieses Ergebnis ernüchtert, beflügelt aber gleichzeitig die Phantasie. Denn sie sagt nicht weniger als das aus, dass die Menschen nicht alleine sein müssten. Wo sich die Aliens nun befinden mögen, wissen wir natürlich nicht. Es steht augenscheinlich außer Frage, dass – gemessen am heutigen Stand der Technik – zwischen uns und ihnen eine unüberbrückbare Distanz liegen wird. Es gibt dazu mutige Hochrechnungen oder gar Schätzungen. Die Spanne reicht von 36 bis 10.000 intelligenter Zivilisationen. Da aber in dieser Rechnung das Wort „wahrscheinlich" eine große Rolle spielt, ist aber immer die Chance gegeben, dass es auch gar keine anderen hochentwickelten Spezies gibt.

Doch kommen wir zurück zur Gleichung von Frank Drake. Wie bereits erwähnt, handelt es sich um reine Mathematik mit vielen Unbekannten. Das wirft neue Fragen auf. Eine davon ist das Fermi-Paradoxon, das auf den Gedanken des Physikers Enrico Fermi aus Italien zurückgeht. Die Kurzfassung lautet: Falls es intelligentes Leben in unserer Milchstraße gibt, das technisch hochentwickelt ist – warum hat es nicht bereits die halbe Galaxie kolonisiert? Selbstverständlich setzt diese Mutmaßung bei den Außerirdischen eine allzu menschliche Eigenschaft aus: Dem Drang nach Expansion. Gemäß Fermi würde so eine außerirdische Spezies – die technische Möglichkeit vorausgesetzt – die ganze Milchstraße besiedeln. Das wäre innerhalb „weniger" Millionen Jahre möglich. Eine solche Spezies wäre nach den

Maßstäben der uns bekannten Evolution außerordentlich erfolgreich. Und zwar so erfolgreich, dass wir auf sie treffen müssten. Die Kernfrage lautet: Warum sind sie noch nicht hier (gewesen)? Natürlich gibt es eine Vielzahl von weiteren Gründen, warum diese überaus versierten Außerirdischen bisher nicht die Erde besuchten. Ein gängiges Gegenargument ist die Entfernung, die trotz aller technischen Errungenschaften eine Reise zur weit entfernten Erde unmöglich macht und auch eine Kommunikation erschwert. Ein anderer Gedankengang ist, dass es diese Fermi-Zivilisation einst gab und dann doch scheiterte. Diese Idee bezieht sich wieder auf das Zeitfenster, in der eine Zivilisation überleben kann. Denn auch das Aussterben ist denkbar. Gründe dafür könnten eine große kosmische Katastrophe sein, aber auch eine Auslöschung aus eigenem Antrieb wird in Betracht gezogen. Andere Ideen sind eher pragmatischer Natur: Es könnte auch einfach Desinteresse eine Rolle spielen. Die Aliens hätten gemäß dieser These überhaupt keine Lust, mit uns in Kontakt zu treten.

Ein Kontakt mit intelligenten, außerirdischen Lebensformen ist für die Menschheit ein Faszinosum. Der Gedanke auf eine andere Spezies zu treffen, fesselt uns. Die Anstrengungen, einen Kontakt herzustellen, ist demzufolge recht groß. Ein bekanntes Programm, das nach außerirdischem Leben forscht, ist das SETI-Projekt, kurz für „Search for extraterrestrial Intelligence“. Eine Hauptaufgabe der Forscher ist es, die Milchstraße nach Radiowellen abzusuchen, die künstlich entstanden sind und somit nur von einer außerirdischen Intelligenz stammen können. Radiowellen als solche konnten bereits aus den Tiefen des Weltraums empfangen werden. Dies hatte aber immer natürliche Gründe, denn verschiedene natürliche Objekte im Universum senden Radiowellen aus. Um das Suchgebiet etwas zu begrenzen, suchen sich die SETI-Forscher gezielt Sternsysteme aus, die gemäß unserer Vorstellung und unseres Kenntnisstandes Formen des (intelligenten) Lebens überhaupt ermöglichen können. So sollte ein solches angepeiltes System eine gewisse Wahrscheinlichkeit für das Vorhandensein von Kohlenstoff und Wasser bieten. Zudem sollte es einen Gesteinsplaneten innerhalb der habitablen Zone besitzen.

Radiowellen bewegen sich übrigens mit Lichtgeschwindigkeit und dies bringt Vorteile, aber auch Probleme mit sich. Wird eine Grußbotschaft via Radiowellen ins All gesendet, bräuchte sie zu einem Planeten, der 60 Lichtjahren entfernt ist folglich 60 Jahre. Eine sofort erwiderte Antwort benötigt schließlich ebenfalls 60 Jahre, bis sie wieder bei uns ankommt. Eine Möglichkeit zur Echtzeit-Kommunikation bietet diese Technik somit nicht und ein Dialog würde aufgrund der zeitlichen Beschränkung eines Menschenlebens über Generationen stattfinden. Doch nicht nur SETI funkt ins All. Dies geschieht praktisch immer. TV-Stationen, Radiosender sowie Radaranlagen senden permanent ihre Informationen ins All. Besäße ein Außerirdischer auf einem Planeten, der 50 Lichtjahre entfernt ist, ein Radio, würde er in diesem Moment die Musik der 70er-Jahre hören. Die Vorstellung ist natürlich erheiternd, wirft aber eine ernsthafte Frage auf: Sind Radiowellen überhaupt das adäquate Mittel für eine interstellare Kommunikation? Schließlich müssen nicht nur wir die Möglichkeit zum Senden besitzen, die Außerirdischen brauchen auch die notwendige Technologie, um Radiowellen zu empfangen.

Neben dieser Lösung wurden auch andere Versuche unternommen, mit Außerirdischen in Kontakt zu treten. Ein prominentes Beispiel sind die Pioneer-Sonden die im Jahre 1972 von der Erde starteten. Sie führen gravierte Plaketten mit, die über die grundlegenden Eigenschaften der Menschheit wie unserer Anatomie informieren. Zu sehen sind jeweils eine unbekleidete Frau und ein Mann; letzterer erhebt in der Darstellung seine rechte Hand friedlich zum Gruß. Des Weiteren findet sich eine Darstellung des Sonnensystems inklusive des Standorts der Erde sowie eine Abbildung des Wasserstoffatoms. Generell wurde die Idee hinter der Plakette in der Öffentlichkeit wohlwollend aufgenommen. Ein Kritikpunkt ist jedoch die Lesbarkeit: Selbst mancher Wissenschaftler konnte die Skizzen nicht richtig deuten. Somit bleibt die Frage offen, ob eine außerirdische Lebensform überhaupt in der Lage sei, die Botschaft zu verstehen. Mit den „Golden Records“ der Voyager 1 und 2 wurde der Vorstoß ins All im Jahre 1977 ergänzt. Sie enthält neben Bilddateien auch Audiodateien. Auf einer (goldenen) Datenplatte werden Grüße in 55 Sprachen entrichtet und sie enthält neben einem Grußwort des damaligen US-Präsidenten Jimmy Carter auch Musik, zum Beispiel die von Beethoven und Chuck Berry.

Aber was wäre, wenn aufgrund der vielen Kontaktversuche plötzlich Außerirdische zu Besuch kämen? Dass diese Aliens – wie in den Filmen – durchaus nicht mit friedfertigen Absichten kommen könnten, wird ernsthaft diskutiert. Nicht zuletzt Stephen Hawking warnte vor weiteren Bemühungen zur Aufnahme eines Kontaktes. Potentiell könnten die Außerirdischen die Erde als reine Quelle von Ressourcen ansehen. Eine Hypothese beschreibt, dass die Aliens nicht per Definition böse oder feindlich sein müssen, wir Menschen ihnen jedoch herzlich egal sind. Es gibt weiterhin die Vermutung, dass Außerirdische bei ihrer bloßen Ankunft mit technologisch hochentwickelten Raumfahrzeugen empfindliche Schäden anrichten. Es wird ebenfalls spekuliert, dass es zu einer Kontamination mit fremden Mikroorganismen kommen kann, was die Biosphäre der Erde empfindlich stören würde.

- Kapitel 13 -

NACHWORT

Zum Schluss unserer Reise durch das Universum kommen wir noch einmal zurück zu unserem Eingangssatz, der die ersten Sätze einer beliebte Science Fiction-Serie beschreibt: „Der Weltraum. Unendliche Weiten...“. Und hat sich nach unserem Ausflug ins All an dieser Behauptung etwas geändert? Eigentlich nicht. Aber zugegeben: Der Begriff von „Unendlichkeit“ ist nicht so ganz falsch. Nicht nur deshalb, weil allein die „Endlichkeit“ des Universums überwältigend ist. Auch deshalb, da sich das Universum weiter ausdehnt. Eines ist sicherlich gewiss: Die Geheimnisse, die das Universum vor uns verbirgt, sind ungemein vielfältig. Die Wissenschaft arbeitet mit Hochdruck daran, den Rätseln auf die Schliche zu kommen. Und das mit Erfolg. Betrachten wir den Wissensstand von vor nicht einmal 50 Jahren, war der Sprung gewaltig. Damals waren beispielsweise Exoplaneten nicht mehr, als eine bloße Hypothese. Heute hingegen sind sie tausendfach bekannt. Oder: Während unsere Vorfahren im Falle des Mars mutmaßten, dass dort „Marsmenschen“ leben müssen, wissen wir heute über die genaue Zusammensetzung eines Mars-Staubkorns Bescheid. Der Grund für diese Erkenntnisse liegt am natürlichen Forscherdrang und der Neugierde der Menschheit. Und irgendwann wird aus jeder Theorie entweder eine Erkenntnis – oder ein Fehlschlag.

Aber es geht ja auch genau andersherum: Die Menschheit hat die Fähigkeit, Dinge zu erkennen, die als solches nicht sichtbar sind. Das gilt für ein Schwarzes Loch oder auch die Dunkle Materie. Die Rahmenbedingungen lassen gar keinen anderen Schluss zu, als dass sie schlicht da sein müssen. Denn sonst würde das Universum keinen Sinn ergeben. Aber Apropos Sinn: Stimmt eine Formel nicht ganz, wird sie angepasst. Das ist ein weiterer Aspekt der Weltraumforschung. Oft machen Berechnungen nur zu einem bestimmten Maß Sinn. Dadurch gelangt die Forschung von einem Rätsel zu nächsten: Denn dann muss etwas anderes – seien es Teilchen, Strahlung oder was auch immer – vorhanden sein, damit eine Theorie logisch bleibt. Das ist wohl auch der Grund, warum Astronomen und Physikern niemals der Gesprächsstoff ausgehen wird.

Blicken wir auf die vorherigen Kapitel zurück, stellen wir fest, dass wir grundsätzlich über das Universum relativ viel wissen. Nicht nur dieser Wissensstand wird größer, auch die Technik verbessert sich rasant. Umso interessanter wird also nicht nur das reine Erforschen, sondern auch das echte Erkunden. Denn schließlich ist es der Traum vieler Menschen, andere Planeten zu besuchen. Leider ist das im

Moment noch wenig realistisch. Unsere Antriebstechnologie ist bei Weitem nicht ausgereift genug, um größere Distanzen innerhalb des Weltraumes zu überbrücken. Die Zeit ist dabei nicht gerade auf unserer Seite. Reisen zu fernen Welten würden mehr als ein Menschenleben dauern, denn die Entfernungen sind gigantisch. Dies führt zu einer weiteren Erkenntnis: Das Universum ist gemacht für die Ewigkeit – und wir sind es nicht. Glauben wir der Theorie, war die Chance, dass wir irgendwann ins All blicken dürfen, nur eins zu einer Quadrillion. Denn genau diese Zahl vermutet die mathematische Wahrscheinlichkeit, dass wir überhaupt existieren. „Wir“ meint damit einfach eine Zivilisation im All.

Zum Glück gibt es nicht nur die „unendlichen Weiten“, sondern auch die planetare Nachbarschaft. Auf den Planeten unseres Sonnensystems gibt es ebenfalls viele weitere Geheimnisse, die enträtselt werden wollen. Und das gleich vor unserer Haustür. Für eine Reise zum Mars beispielsweise ist unsere Technik ausreichend und eine bemannte Marsmission wird seit Jahrzehnten diskutiert. Somit schaffen wir in der schieren Unendlichkeit des Raums ein gewisses Stück Endlichkeit. Wann das genau geschehen wird, steht noch nicht fest. Aber eines ist sicher: Es wird keine weiteren 13,8 Milliarden Jahre dauern.

BUCHEMPFEHLUNGEN

Supermacht China – Die chinesische Weltmacht aus Asien verstehen

Die Entwicklungen in China sind in den letzten Jahren zum allgegenwärtigen Thema in Medien und Gesellschaft geworden.

Doch was ist dran an den vielen Zukunftsszenarien einer im Schatten agierenden Supermacht? Wie tickt das bevölkerungsreichste Land der Erde? Was sind seine Ziele und wie denkt die einheimische Bevölkerung? Was macht die Entwicklung des Landes aus und wo liegen die Stärken und Schwächen?

Machen Sie sich Ihr eigenes Bild dieser aufstrebenden Weltmacht, indem Sie die Zahlen und Fakten hinter der expandierenden Wirtschaftsmacht verstehen. Um sich ein umfassendes Bild über den aktuellen Exportweltmeister machen zu können, ist eine tiefere Betrachtung der Geschichte, der Politik, des Bildungssystems, der Wirtschaft und des Militärs nötig.

In diesem Buch erhalten Sie einen Überblick über all diese Aspekte, die das heutige China ausmachen. Nur durch eine Gesamtbetrachtung all dieser Teilbereiche ist es möglich, das Land China und seine Ziele zu verstehen.

Seien Sie gespannt auf viele Hintergründe und Erkenntnisse, die sich rund um das Land der Mitte drehen und Ihnen eine neue Sicht auf die Supermacht im Osten ermöglichen.

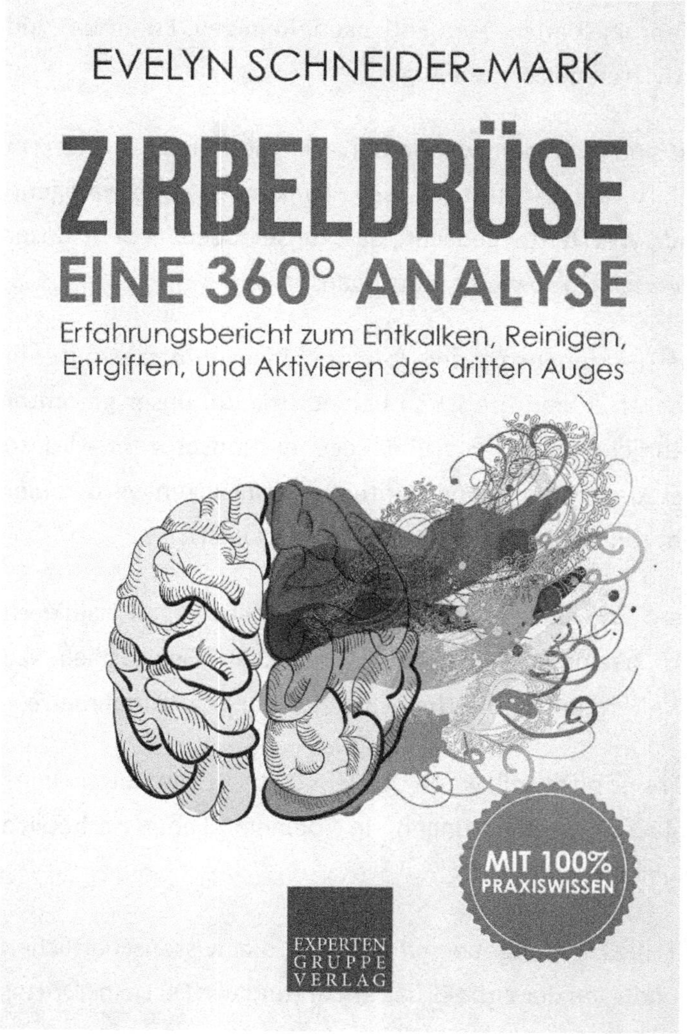
EVELYN SCHNEIDER-MARK
ZIRBELDRÜSE
EINE 360° ANALYSE
Erfahrungsbericht zum Entkalken, Reinigen,
Entgiften, und Aktivieren des dritten Auges
MIT 100%
PRAXISWISSEN
EXPERTEN
GRUPPE
VERLAG

Zirbeldrüse – Eine 360° Analyse

Erfahrungsbericht zum Entkalken, Reinigen, Entgiften, und Aktivieren des dritten Auges

Wir sind mit einem wunderbaren kleinen Organ in unserem Gehirn ausgestattet, dessen Funktionen überwältigend sind. Wer hätte gedacht, dass unser Seelenleben, unser Bewusstsein so wenig Platz beansprucht?

Das Zusammenspiel der Hormone und Neurotransmitter in unserer Zirbeldrüse ist so beeindruckend, unser gesamter natürlicher Rhythmus und Regenerationsprozess wird so gesteuert, Träume und spirituelle Erfahrungen werden hier geboren und unser Bewusstsein kontrolliert.

Wäre es nicht großartig, wenn Du dieses Organ trainieren und beeinflussen könntest, um Dein Bewusstsein zu erweitern und Deine Umwelt viel klarer wahrzunehmen?

Wäre es nicht toll, wenn Du Dein Bewusstsein durch einige einfache Veränderungen in Deinem Leben erheblich erweitern könntest?

Mit diesem Ratgeber werden Dir die wissenschaftlichen Grundlagen der Zirbeldrüse erklärt und wie Du Dein „Drittes Auge“ optimal aktivieren kannst.

PERMAKULTUR
FÜR ANFÄNGER
AUSBILDUNG UND GRUNDLAGEN
DER PERMAKULTUR
EXPERTEN
GRUPPE
VERLAG
MIT 100%
PRAXISWISSEN
FRIEDHELM WEISS

Permakultur für Anfänger – Ausbildung und Grundlagen der Permakultur

Wäre es nicht toll, wenn unsere Gebäude und Fahrzeuge Wasser filtern könnten und gleichzeitig auch noch die Luftqualität verbessern würden? Mit dieser Absicht, die Umwelt wieder aufzufüllen, könnte unsere Welt herrlich sauber sein.

Aber wie genau verändert Permakultur die Welt?

Zum einen kann Permakultur Wüsten in produktive Oasen für die Lebensmittelproduktion verwandeln. Zum anderen kann sie uns die dringend benötigten Lösungen bringen, mit der wir den heute so offensichtlich schädlichen Einfluss der Menschen auf unseren Planeten reduzieren, wenn nichts sogar umkehren können.

Alles ordnet sich dem einen Ziel unter, dauerhaft und nachhaltig funktionierende Kreisläufe zu schaffen, die im Einklang mit der Natur ablaufen.

Hier werden die wichtigsten Philosophien der Permakultur er-klärt, um Ihnen einen breiten Einblick in das Gebiet der Permakultur zu geben

Fangen Sie heute an und gehen Sie voraus, um mit ein wenig mehr Permakultur unseren Planeten zu retten!

Hat Dir mein Buch gefallen?

Du hast mein Buch gelesen und verstehst jetzt hoffentlich besser, was das Universum ist, wie es funktioniert und was es dort noch alles spannendes für die Menschheit zu entdecken gibt. Und genau deshalb bitte ich Dich jetzt um einen kleinen Gefallen. Rezensionen sind bei Amazon ein wichtiger Bestandteil von jedem angebotenen Produkt. Es ist mit das Erste, worauf Kunden schauen und nicht selten geben die Rezensionen später den entscheidenden Ausschlag ein Produkt zu kaufen oder nicht. Gerade bei der endlos großen Auswahl von Amazon wird dieser Faktor immer wichtiger.

Wenn Dir mein Buch gefallen hat, wäre ich Dir mehr als dankbar, wenn Du mir eine Bewertung hinterlässt. Wie Du das machst? Klicke einfach auf meiner Amazon Produktseite auf folgenden Button:

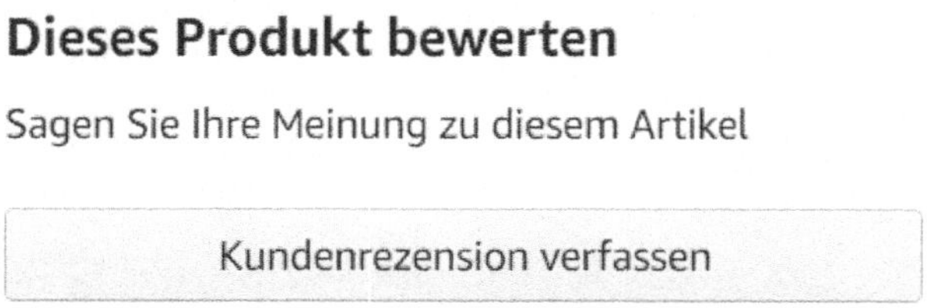

Schreibe einfach kurz, was Dir ganz besonders gut gefallen hat oder wie ich das Buch vielleicht noch besser machen kann. Es dauert nicht länger als 2 Minuten, versprochen! Du kannst Dir sicher sein, dass ich persönlich jede Rezension lese, denn es hilft mir sehr stark dabei, meine Bücher noch besser zu machen und sie genau an eure Wünsche anzupassen.

Daher sage ich Dir:

HERZLICHEN DANK!

Dein Aaron Schmidt

QUELLENANGABEN

https://cordis.europa.eu/article/id/27646-brightest-supernova-ever-observed/de

Space Environment. Isidoro Martínez, abgerufen am 23. Mai 2016

https://www.focus.de/wissen/weltraum/astronomie/tid-33452/historischer-tag-fuer-astronomen-voyager-1-hat-die-heliosphaere-definitiv-verlassen_aid_1097596.html

Planck's new cosmic recipe, ESA, Planck

https://www.weltderphysik.de/gebiet/universum/news/2017/wie-der-mars-seine-atmosphaere-verlor/

https://docs.google.com/document/d/1bwIPT9C6EhHkYM5667kbPtZeLoE61fZLjfc1XiazODQ/edit?hl=en&authkey=CJTO5v4E&pli=1

Pressemitteilung Wissenschaft 2013-09: Wo die Unterschiede zwischen Sternen und Planeten verwischen. Max-Planck-Institut für Astronomie Heidelberg

EO Discovery Statistics

Planck Collaboration: Planck 2015 results. XIII. Cosmological parameters. In: Astronomy & Astrophysics. 2016, arxiv:1502.01589

Wie groß ist unser flaches Universum? Bei: welt.de. 21. Januar 2015

Hubble Reveals Observable Universe Contains 10 Times More Galaxies Than Previously Thought. In: NASA

Das Universum – Ein Ellipsoid? Bei: Astronews.com. 27. September 2006

Pressemitteilung der Max-Planck-Gesellschaft, 1. April 2018

Lexikon der Astrophysik – Andreas Müller

www.nasa.gov

S. K. Kozlowski, M. Konacki, P. Sybilski: Radio Pulsar Style Timing of Eclipsing Binary Stars from the ASAS Catalogue. In: Astrophysics. Solar and Stellar Astrophysics. 2012

A. Einstein: Relativität und Gravitation. Erwiderung auf eine Bemerkung von M. Abraham. In: Annalen der Physik. Band 38, 1912, S. 1059–1064

Christoph Köhn: The Planck Length and the Constancy of the Speed of Light in Five Dimensional Spacetime Parametrized with Two Time Coordinates. In: J. High Energy Phys., Grav and Cosm. Band 3, Nr. 4, 2017, S. 635–650

D. Lehnert u. a.: Spectroscopic confirmation of a galaxy at redshift z = 8.6. In: Nature.com. 467, 2010, S. 940–942

Harry Paul: Photonen: Experimente und ihre Deutung. Akademie-Verlag, Berlin 1985

Ray d'Inverno: Einführung in die Relativitätstheorie. 2. Auflage, Wiley-VCH, Berlin 2009

Dr. S. Sanz Fernández de Córdoba: 100km Altitude Boundary for Astronautics

Steven D. Bass, Gerhard Samulat: Die Suche nach dem fehlenden Spin. In: Spektrum der Wissenschaft. Band 12, 2008, S. 38–45

Albert Einstein: Die Grundlagen der Allgemeinen Relativitätstheorie. In: Annalen der Physik

H. N. Russell: On Majorana's theory of gravitation. In: Astrophysical Journal. Band 54, 1921. S. 334–346

Max Planck: Theorie der Wärmestrahlung

W. de Sitter: On the curvature of space. In: Proc. Kon. Ned. Acad. Wet. Band 20, 1917, S. 229–243

Martin Bojowald: Zurück vor den Urknall; S 113–135.

Roger Penrose: Singularities and Time-Asymmetry. In: Stephen Hawking und Werner Israel (Hrsg.): General Relativity: An Einstein Centenary Survey. Cambridge University Press, 1979, S. 581–638

Edward L. Wright: Big Bang Nucleosynthesis

Schwerkraft-Anomalie im Kristall (Weyl-Halbmetall), auf: scinexx.de, vom 21. Juli 2017

Paolo Benincasa und Eduardo Conde: Exploring the S-matrix of Massless Particles. In: Phys. Rev. D. Band 86, Nr. 2, 2012

Kepler Discovers First Earth-Size Planet In The 'Habitable Zone' of Another Star (englisch) – Nasa, am 17. April 2014

Michele Johnson: NASA's Kepler Mission Discovers Bigger, Older Cousin to Earth. 23. Juli 2015

S. V. Berdyugina, I. G. Usoskin: Active longitudes in sunspot activity. Century scale persistence. A&A, 2003,405, 1121–1128

Hans-Ulrich Keller: Kompendium der Astronomie: Einführung in die Wissenschaft vom Universum. Kosmos, 2019

The Classification of X-ray Solar Flares spaceweather.com,

David R. Williams: Mercury Fact Sheet. In: NASA.gov. 27. September 2018

Ronald Greeley, Raymond Batson: Der NASA-Atlas des Sonnensystems. Knaur, München 2002

Holger Heuseler, Ralf Jaumann, Gerhard Neukum: Zwischen Sonne und Pluto. Die Zukunft der Planetenforschung. BLV, München 2000

Roland Wielen (Hrsg.): Planeten und ihre Monde. Die großen Körper des Sonnensystems. Spektrum Akademischer Verlag, Heidelberg 1997

David McNab, James Younger: Die Planeten. C. Bertelsmann, München 1999

Ernst Hauber: Wasser auf dem Mars. Physik in unserer Zeit 38(1), S. 12–20 (2007)

Donald Rapp: Human missions to Mars – enabling technologies for exploring the red planet. Springer, Berlin 2008

Fran Bagenal, T. Dowling, W. McKinnon (Hrsg.): Jupiter: The Planet, Satellites and Magnetosphere. Cambridge University Press, 2004

Thorsten Dambeck: Saturnmond in Fetzen: Die Saturnringe könnten die Trümmer eines zerborstenen Mondes sein. Bild der Wissenschaft, 9/2006, S. 60–63

Ellis D. Miner et al.: Neptune – the planet, rings and satellites. Springer, London 2002

Evry L. Schatzman, Francoise Praderie: The Stars (Englisch). Springer, 1993

Gregory Laughlin: The End of the Main Sequence. In: The Astrophysical Journal. 482, 1997, S. 420–432

Jean Heidmann: Bioastronomie – Über irdisches Leben und außerirdische Intelligenz. Springer-Verlag, Berlin, Heidelberg, New York 1994

Michael Michaud: Contact with Alien Civilizations – Our Hopes and Fears about Encountering Extraterrestrials. Springer, Berlin 2006

Jamie Shreeve: Wo sind die anderen? In: National Geographic. (deutsche Version), März 2019, S. 42–77

Aleksandar Janjic: Astrobiologie – die Suche nach außerirdischem Leben. Springer Berlin Heidelberg 2019

Sebastian v. Hoerner: Sind wir allein? – SETI und das Leben im All. Beck, München 2003

Walter, Ulrich: Zivilisationen im All – sind wir allein im Universum? Spektrum, Akad. Verl., Heidelberg 1999

Ben R. Oppenheimer, S. R. Kulkarni, John R. Stauffer: Brown Dwarfs. In: Protostars and Planets. Band 4. University of Arizona Press, Tucson 1999, Academic Press, San Diego

Coryn Bailer-Jones, Wolfgang Brandner, Thomas Henning: Braune Zwerge. Entstehung, Scheiben, Doppelsysteme und Atmosphären. In: Sterne und Weltraum. Band 45, Nr. 2, 2006

Norbert Langer: Leben und Sterben der Sterne. C.H. Beck'sche Verlagsbuchhandlung, München 1995

Klaus Werner, Thomas Rauch: Die Wiedergeburt der Roten Riesen. In: Sterne und Weltraum. 46(2), 2007, S. 36–44

Kometen und Asteroiden. (= Sterne und Weltraum. Special Nr. 2003/2). Spektrum der Wissenschaft Verlag, Heidelberg 2003

Thorsten Dambeck: Vagabunden im Sonnensystem. In: Bild der Wissenschaft. März 2008, S. 56–61

Thomas H. Burbine: Asteroids – Astronomical and Geological Bodies. Cambridge University Press, Cambridge 2016

Die letzten Geheimnisse des Universums: Den drängenden Fragen der Menschheit auf der Spur, von Bertram, Erik, 2019

Die Geheimnisse des Universums, von Staguhn, Gerhard, 2011

Geheimnisse unseres Universums. Zeitreisen - Quantenwelten – Weltformeln, von Bublath, Joachim, 1999

Die Spione im Unendlichen: Kepler, Newton, Einstein und die Geheimnisse des Universums, von Pesic, Peter, 2003

Das unbekannte Universum: Raum, Zeit und die moderne Kosmologie, von Clark, Stuart, 2017

Die Vermessung des Universums: wie die Physik von Morgen den letzten Geheimnissen auf der Spur ist, von Randall, Lisa, 2012

Das lebendige Universum: Komplexes Leben auf vielen Planeten?, von Schulze-Makuch, Dirk, 2019

Lebensraum Universum: Einführung in die Exoökologie, von Janjic, Aleksandar, 2017

Vom Universum: Eine Geistesgeschichte der Physik, von Tschirk, Wolfgang, 2020

The Nature of Space and Time, von Hawking, Stephen Penrose, Roger, 2010

Impressum

1. Auflage

 Herausgeber: GbR, Martin Seidel und Corinna Krupp, Bachstraße 37, 53498 Bad Breisig, E-Mail: info@expertengruppeverlag.de, Coverfoto: www.depositphoto.com.

Made in the USA
Monee, IL
06 November 2026

68085970R00135